CMake

项目构建入门指南

刘贝斯 编著

化学工业出版社

·北京·

内容简介

本书通过深入浅出的讲解和丰富的实践案例，帮助读者从零开始逐步掌握 CMake 的用法。具体而言，本书在介绍 CMake 的安装与环境配置的基础上，通过一个简单的案例帮助读者快速理解 CMake 的构建机制；然后通过实例解析 CMake 脚本语法、关键命令，并引出静态库与动态库、第三方库的构建方法；最后，本书还介绍了 CTest 和 CPack 在测试与打包分发中的强大功能，并展现了 CMake 在 CI/CD 中的应用。

本书从基础到进阶，构建了完整的 CMake 学习路径，既适合新手系统学习，也能帮助有经验的开发者解决工程实践中的复杂问题。

图书在版编目（CIP）数据

CMake 项目构建入门指南 / 刘贝斯编著. -- 北京 : 化学工业出版社, 2025. 11. -- ISBN 978-7-122-49070-4

Ⅰ. TP312.8

中国国家版本馆 CIP 数据核字第 2025MA7056 号

责任编辑：张　赛
责任校对：边　涛　　　　装帧设计：刘丽华

出版发行：化学工业出版社（北京市东城区青年湖南街 13 号邮政编码 100011）
印　　装：大厂回族自治县聚鑫印刷有限责任公司
787mm×1092mm　1/16　印张 $15^1/_4$　字数 286 千字
2025 年 10 月北京第 1 版第 1 次印刷

购书咨询：010-64518888　　　　售后服务：010-64518899
网　　址：http://www.cip.com.cn
凡购买本书，如有缺损质量问题，本社销售中心负责调换。

定　　价：79.00 元

前言

FOREWORD

时光荏苒，回首十余年的职业生涯，笔者曾在开发、运维、培训讲师等不同角色间切换，每一段经历都如同一块拼图，拼凑出我对技术的热爱与追求。无论是出于工作所需，还是内心对编程世界的无尽好奇，我始终乐于钻研新的领域，将学到的知识化为视频或文字，与更多人分享。

最初接触 CMake，是在独立开发一款 C/C++游戏时，为了实现产品跨平台运行，我不得不硬着头皮学习这个陌生的构建系统。那段日子充满了挑战——编译配置的反复失败、依赖管理的混乱无序、脚本调试的焦头烂额，让我几近崩溃。然而，当游戏最终上线 Steam 并收获回报时，我才意识到，与 CMake 的“斗智斗勇”不仅是一场磨砺，更是一次成长的契机。

本书的写作初衷，正是源于我对 CMake 的复杂情感——既爱其强大，又深知其“槽点”。我深信，许多开发者都曾被类似的构建难题困扰：跨平台适配的繁琐、库文件管理的混乱、测试流程的缺失。这些问题看似琐碎，却足以拖慢开发进度。于是，我将自己的经验与教训凝结成书，力求以最直白的方式，带领读者从零开始掌握 CMake。

本书共设 9 章，从环境搭建与基础入门，到项目构建与库文件管理，再到测试与打包的完整流程，每一章都配以详尽的实例与步骤，确保理论与实践无缝衔接。以下是各章的主要内容。

第 1 章介绍 CMake 的背景、安装以及不同开发环境的配置。

第 2 章通过一个简单的“HelloWorld”程序，快速展示 CMake 的基本使用流程，帮助读者迅速上手。

第 3 章介绍 CMake 脚本的核心语法，包括变量定义、条件语句、循环控制和常用命令等，帮助读者掌握脚本编写的核心技能。

第 4 章深入讲解 string()和 file()命令，通过掌握这些命令，开发者能够高效地处理文本数据和文件相关任务，提升构建过程的灵活性和自动化程度。

第 5 章以一个完整的项目为例，讲解如何组织源代码、设置构建目标，并生成可执行文件。

第 6 章探讨使用 CMake 创建和管理静态库与动态库，揭示库文件在项目中的实际应用。

第 7 章聚焦于第三方库的集成，详细说明如何引入外部依赖并解决常见问题，提升项目的可扩展性。

第 8 章分述 CTest 和 CPack 的自动化测试应用和打包方法，为项目交付提供高效支持。

第 9 章介绍 CMake 与 GitHub Actions、GitLab CI 以及和 Jenkins 在 CI/CD 方面的应用。

通过对本书的学习，读者将掌握通过 CMakeLists.txt 文件高效组织复杂项目，优化构建流程的方法，从而从容应对小型项目，乃至复杂工程中的构建需求。书中注重实践与理论结合，每章都配有详细的代码示例和步骤说明，确保读者能够边学边练，快速将知识转化为实际能力。书后还提供了常用命令的参数说明，便于读者查阅。

在历史的长河中，本书或许只是昙花一现。且由于 AI 工具的出现，很多问题似乎正变得有迹可循。但我仍希望，本书能如同一缕微弱却温暖的烛光，为每一位在 CMake 构建迷雾中摸索学习的读者带来启发与便利。技术之路漫漫，唯有不断探索与实践，方能走得更远。

由于笔者水平有限，书中难免存在不足之处，还望广大读者批评指正。

编著者

目录

CONTENTS

第 5 章 项目的构建

第 6 章 库的构建

第 7 章 构建第三方库

第 8 章 使用 CMake 进行测试和打包

第 9 章 CMake 与 CI/CD 的集成

附录

第 1 章

学习 CMake 前的准备

1.1 CMake 简介

开篇引用 CMake 官方网站上的一句话“CMake: A Powerful Software Build System.”翻译过来即“CMake 是一个强大的软件构建系统。”

CMake 通过编写配置文件(CMakeLists.txt)生成标准构建文件(如 Makefile 或工程文件)，从而实现跨平台的项目编译、链接和安装等操作。例如，在 Linux、Unix 或 macOS 系统中，CMake 会生成 Makefile 文件，用户随后可利用 make 工具完成项目构建；在 Windows 环境中，CMake 能够生成.sln 文件，以便通过 Visual Studio 进行项目构建。虽然 macOS 中的 Xcode 并不直接支持 CMake，但 CMake 可以生成.xcodeproj 文件，从而支持在 Xcode 中进行项目构建。此外，对于中大型项目，CMake 还可生成.ninja 文件，以实现更快速的项目构建。

1.1.1 CMake 的版本演进

CMake 作为一款跨平台的构建工具，其版本演进历程清晰地展现了该工具从满足基础功能到现代化设计的发展轨迹。自 2000 年首次发布以来，CMake 通过不断的版本迭代，逐步完善其功能体系，增强了灵活性与适应性，以满足日益复杂的软件开发需求。

- 初始阶段：1.x 系列(2000～2001 年)

CMake 的 1.x 系列标志着该工具的诞生。这一阶段的 CMake 主要为 C/C++ 项目提供基本的构建支持，核心功能聚焦于将源代码编译为可执行文件，并实现初步的跨平台兼容性。其设计理念较为简单，命令集有限，主要通过手工配置实现构建流程。尽管 1.x 版本奠定了 CMake 的基础，但其功能相对薄弱，难以应对多文件项目或复杂的依赖关系，属于工具发展的“雏形期”。

- 成熟与普及阶段：2.x 系列(2001～2014 年)

2.x 系列是 CMake 早期发展的核心阶段，显著提升了工具的实用性与稳定性。这一时期的 CMake 逐步扩展了对多种编译器和操作系统的支持，成为许多开源项目的首选构建工具。其中，2.8 版本(尤其是 2.8.12，发布于 2013 年)因其成熟性和广泛兼容性，成为 2.x 系列的代表。2.x 版本引入了诸如 add_executable()、include_directories()和 link_libraries()等命令，支持开发者指定构建目标、头文件路径和链接库。然而，其构建逻辑依赖全局变量和命令式配置，缺乏模块化设计，在处理大型项目时容易导致配置冗余与依赖混乱。此外，2.x 版本对跨平台的支持虽有改进，但仍存在局限(例如对某些新平台的适配不够完善)。这一阶段的 CMake 可视为从初级工具向成熟系统过渡的“奠基期”。

- 现代化转型阶段：3.x 系列(2014～2024 年)

3.0 版本的发布是 CMake 版本演进中的里程碑，标志着工具进入“现代 CMake”阶段。这一版本引入了目标导向(target-based)的构建理念，取代了 2.x 的全局变量模式，显著提升了配置的模块化与可维护性。例如，target_include_directories()和 target_link_libraries()等命令允许开发者为特定目标绑定属性，避免全局设置的副作用。此外，3.0 引入了生成器表达式(Generator Expressions)，如$<CONFIG>，为动态配置提供了强大支持。其他重要改进包括导入目标(Imported Targets)的引入、跨平台兼容性的优化(如 OS X 的 RPATH 处理)以及语法的扩展(如括号参数和多行注释)。3.0 的推出使 CMake 从传统的命令式工具转变为更具结构化与现代化的构建系统，奠定了后续发展的基础。

自 3.0 之后，CMake 的版本更新进入持续优化与功能扩展的阶段，每一版本都在前者的基础上进一步完善工具特性。以下为部分关键版本的演进亮点：

3.5(2016 年 3 月)：编译器识别机制得到了进一步完善，try_compile()功能增强，并引入了对 Android NDK r11 的支持，为移动与嵌入式开发提供了更稳固的基础。

3.10(2017 年 11 月)：随着 C++17 标准的普及，CMake 在该版本中显著加强了对现代编程标准的支持。CMAKE_CXX_STANDARD 变量的控制更加精细，允许开发者明确约束编译器的行为。同时，Visual Studio 与 Xcode 生成器的兼容性

得到提升，进一步巩固了其在多平台环境中的主流地位

3.20(2021 年 3 月)：CUDA 语言的支持在该版本中得到重大突破，开发者可以通过 project(... LANGUAGES CUDA)可将 CUDA 作为主语言进行构建配置。这一特性契合了高性能计算与 GPU 编程的需求。同时，跨平台工具链机制得到进一步增强，扩展了在嵌入式开发领域的适用性。

3.30(2024 年 7 月)：CMake 稳定版本着眼于细节的持续优化，引入了 CMAKE_<LANG>_LINK_GROUP_USING_*机制，为复杂链接行为提供了更具表达力的原生接口。同时，对包管理与工具链配置的灵活性进行了提升。

4.1(2025 年 8 月)：新增了对 Diab 和 Renesas 编译器的支持，扩展了嵌入式开发能力；改进了 FindASPELL 模块，提供版本变量和独立组件选择；FindBLAS 和 FindLAPACK 模块新增对 NVIDIA 性能库(NVPL)的支持。此外，cmake_pkg_config() 命令新增 IMPORT 和 POPULATE 子命令，提升了与 pkg-config 的集成能力。持续优化了跨平台兼容性和构建性能，保持 CMake 的前沿性与稳定性。

1.1.2 何时使用 CMake

首先应该声明，如果你的项目只在某个单一的平台上运行(如 Windows 平台)，那么一般不推荐使用 CMake，因为 CMake 主要应用在跨平台的项目构建和管理上。跨平台方面，CMake 支持主流的操作系统有 Windows、Linux、macOS 等。

此外，如果你的项目不使用 C/C++作为主要的编程语言，那么也不建议使用 CMake 进行项目构建。因为 CMake 对 C/C++项目的构建支持是最全面的。例如，尽管 CMake 可以构建 Java 项目，但是不如专门构建 Java 项目的工具高效(如 Maven 或 Gradle)。CMake 也可以构建 Python 项目，但是不如专门构建 Python 项目的工具强大(如 setuptools)。不过，在 Python 项目中，当需要和 C/C++的代码进行绑定时，CMake 就非常有用了。可见，尽管 CMake 也支持其他编程语言的项目构建，但它在 C/C++领域的支持最为全面。

CMake 作为一款功能强大的跨平台构建工具，旨在帮助开发者管理和实现自动化软件项目的编译、链接及构建过程。它通过编写简洁的脚本(CMakeLists.txt)，生成适用于不同平台和编译器的构建系统(如 Makefile、Visual Studio 项目文件等)，从而简化复杂项目的开发流程。CMake 的构建过程分为三个主要阶段：

①配置阶段：CMake 读取 CMakeLists.txt 文件，解析用户定义的构建规则，

检查环境(如编译器、依赖路径)，并生成缓存文件(CMakeCache.txt)。

②生成阶段：根据配置结果，CMake 生成特定平台的构建文件，例如 Linux 上的 Makefile 或 Windows 上的 Visual Studio 解决方案。

③构建阶段：用户通过构建工具(make、Ninja 或 IDE)执行实际的编译和链接。

以下是笔者推荐使用 CMake 的一些原因。

- CMakeLists.txt 文件简化了对项目构建系统的维护。你可以轻松添加新的源文件、库文件、编译选项等，而不需要修改复杂的 Makefile 或 shell 脚本等。
- CMake 提供了丰富的命令和变量来处理各种构建场景。CMake 支持各种编译器和工具链，因此可以为不同的硬件架构(如 ARM、MIPS)或特殊环境(如交叉编译)配置构建过程。而 g++则需要手动处理这些复杂的工作。
- 对中、大型项目，CMake 提供了一种更好的组织方式，通过子目录和模块化设计来管理复杂的项目结构。相比之下，直接使用 g++手动编译或手写复杂的 Makefile，可能导致构建过程繁琐、依赖关系难以维护，进而显著增加管理和调试的难度。CMake 提供了 CTest 用于测试和 CPack 用于打包，这使得集成测试和发行软件变得更加简单和标准化。
- CMakeLists.txt 文件本身就是一个很好的版本控制文件，它能够清晰地表达项目结构和构建需求。团队协作时，标准化的 CMake 使用可以减少因构建系统不同而导致的冲突。
- CMake 有丰富的文档和社区支持，很多开源项目和大型软件都使用 CMake，这意味着有很多资源和最佳实践可以参考。

1.2 CMake 对集成开发环境的支持

CMake 作为一款跨平台的构建工具，不仅以其强大的构建能力和灵活的配置方式著称，还因其对多种集成开发环境(Integrated Development Environment，IDE)的广泛支持而受到开发者的青睐。通过生成与特定 IDE 兼容的构建文件，CMake 能够无缝融入开发者的工作流，提升编码、调试和项目管理的效率。

1.2.1 在 Visual Studio 中使用 CMake

自 Visual Studio 2017 起，Visual Studio 内置了对 CMake 的原生支持。通过

安装工作负荷下的“使用 C++的桌面开发”并启用“用于 Windows 的 C++ CMake 工具”组件，用户即可在 IDE 中直接管理 CMake 项目。Visual Studio 2019 和 2022 进一步优化了 CMake 集成的性能与用户体验。

在功能上，Visual Studio 能够直接打开包含 CMakeLists.txt 文件的项目文件夹，自动解析 CMake 配置文件并生成缓存。IDE 提供了一个图形化的“CMake 设置”界面，允许用户修改 CMake 变量、指定生成器(如 Ninja 或 MSBuild)、选择构建类型(Debug/Release)以及配置编译器选项。此外，它支持 IntelliSense 代码补全、语法高亮以及对 CMake 脚本的调试，为开发流程提供了极大便利。

Visual Studio 还支持 CMake 的跨平台特性。用户可在 Windows 上使用默认的 MSVC 编译器，或配置 WSL(Windows Subsystem for Linux)以使用 Linux 工具链，甚至通过远程构建支持 Linux 和嵌入式系统开发。同时，IDE 集成了对 vcpkg 等包管理工具的支持，便于管理第三方依赖。

在构建与调试方面，Visual Studio 允许通过菜单或命令行执行 CMake 生成、构建和安装操作，并提供完善的调试工具，如断点设置、变量监视等。用户还可自定义 CMake 命令参数，以适应复杂项目的需求。

以下是基于 Visual Studio Community 2022(本书后续皆基于此版本演示)创建 CMake 项目的步骤。

关于 Visual Studio 的具体安装方法，读者可参考网络上的相关资料，本书中不做展开。安装完成后，需要检查如图 1-1 所示的设置。在菜单栏中“工具”按

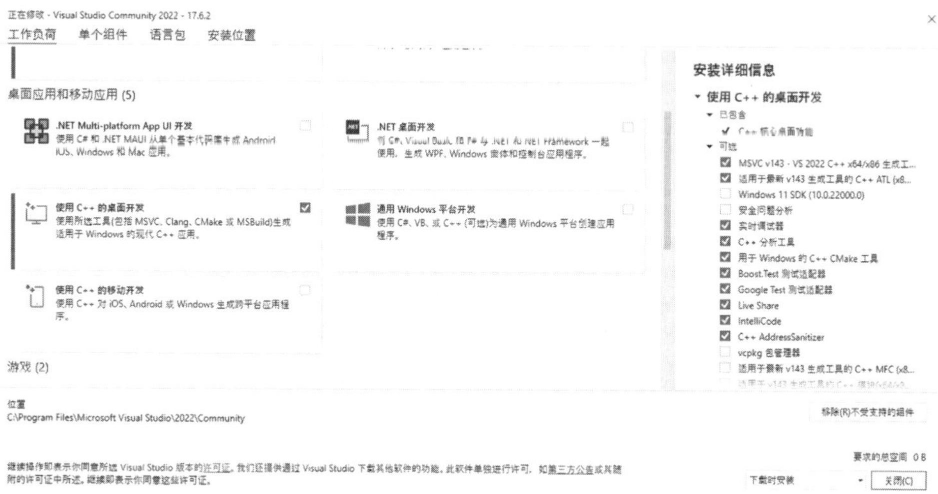

图 1-1

钮下，点击“获取工具和功能”按钮。找到如图 1-1 所示“使用 C++的桌面开发”的选项，在安装详细信息中，确保已安装“用于 Windows 的 C++ CMake 工具”。

此后，在新建项目时，就可以创建 CMake 项目了(图 1-2)。

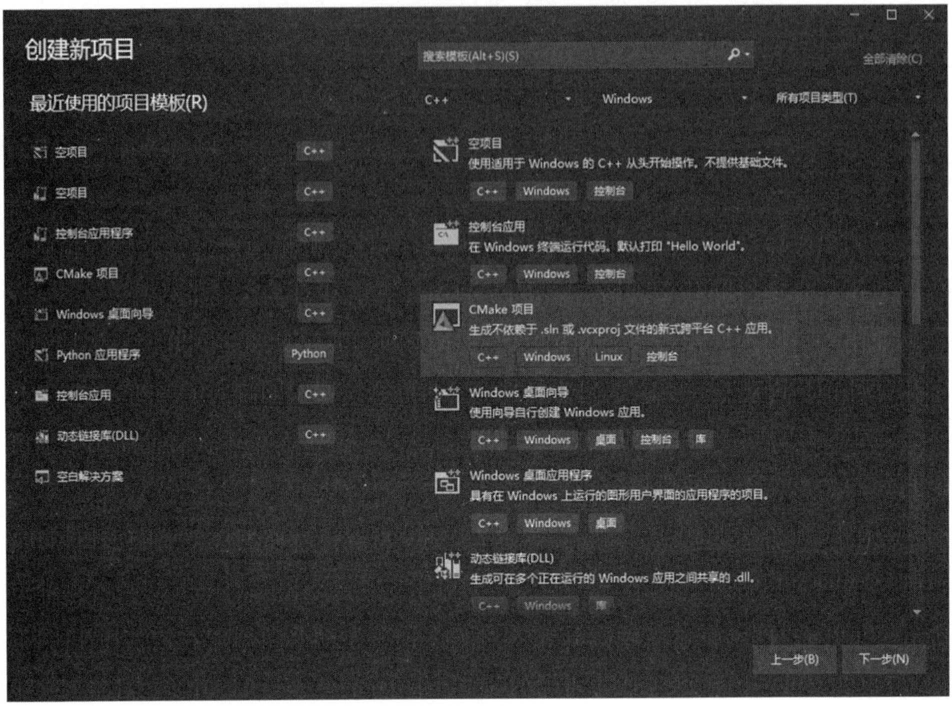

图 1-2

在新建的 CMake 项目中(图 1-3)，除了会默认生成一个.cpp 文件和一个.h 的头文件外，还会产生 CMakeLists.txt 和 CMakePresets.json 文件。CMakeLists.txt 是 CMake 的源代码文件。CMakePresets.json 文件允许开发者快速选择预设以配置项目，减少手动输入复杂命令，提高开发效率和项目可维护性。

图 1-3

选中 CMakeLists.txt 或.cpp 文件，点击运行当前文档(图 1-4)，在调试控制台中显示“Hello CMake”，表示 CMake 项目运行成功。

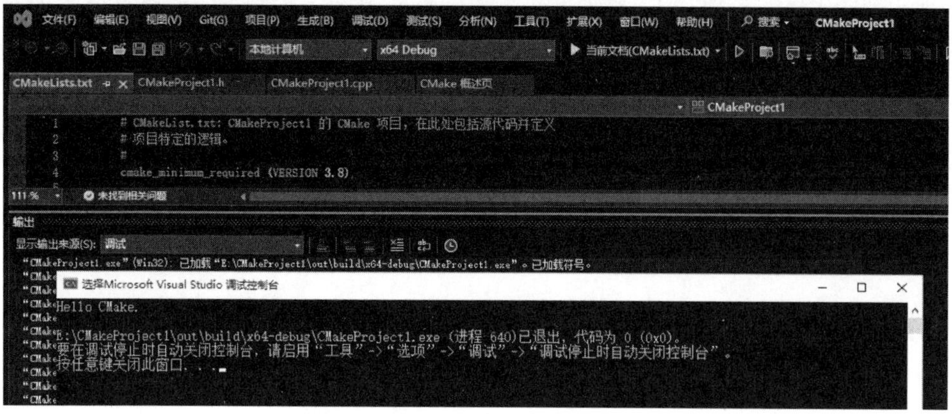

图 1-4

1.2.2 在 Qt 中使用 CMake

Qt 自 5.x 版本起开始逐步支持 CMake，但当时主要依赖 qmake 作为默认构建工具，CMake 的支持较为有限，主要通过手动配置实现。随着 Qt 6 的推出，Qt 官方将 CMake 提升为首选构建系统，提供了更深层次的集成和原生支持。这种转变得益于 CMake 的跨平台特性及其在 C++社区的广泛应用，这与 Qt 的多平台开发目标高度契合。

在具体支持上，Qt 提供了专门的 CMake 模块(如 Qt5Config.cmake 和 Qt6Config.cmake)，这些模块封装了 Qt 库的查找、链接和配置逻辑。开发者只需在 CMakeLists.txt 中添加类似 find_package(Qt6 COMPONENTS Core Gui Widgets REQUIRED)的命令，即可自动定位 Qt 安装路径并引入所需组件。这些模块还支持自动处理 Qt 的 moc(元对象编译器)、rcc(资源编译器)和 uic(界面编译器)，通过 qt_add_executable 和 qt_add_resource 等函数简化了构建流程。

Qt 对 CMake 的支持还体现在跨平台开发中。CMake 能够无缝适配 Qt 在 Windows、Linux、macOS 以及嵌入式平台上的部署，开发者可通过统一的 CMake 脚本生成适用于不同平台的构建文件。此外，Qt Creator(Qt 官方 IDE)自带对 CMake 的原生支持，能够直接打开 CMake 项目，自动解析 CMakeLists.txt，并提供图形化配置界面，进一步提升开发效率。

在功能性上，Qt 与 CMake 的集成支持静态和动态链接、模块化构建以及多语言(qmake 的.ts 文件)处理。Qt 6 还引入了更现代化的 CMake API，例如 qt_standard_project_setup，以标准化项目配置，减少手动调整的需求。对于需要向后兼容 Qt 5 的项目，CMake 也提供了过渡支持，确保平滑迁移。

以下是基于 Qt 6 创建 CMake 项目的步骤。

Qt 新建项目的具体步骤，读者可参考网络上的相关资料。在新建项目的过程中可以使用如图 1-5 所示的 CMake 方式进行构建。

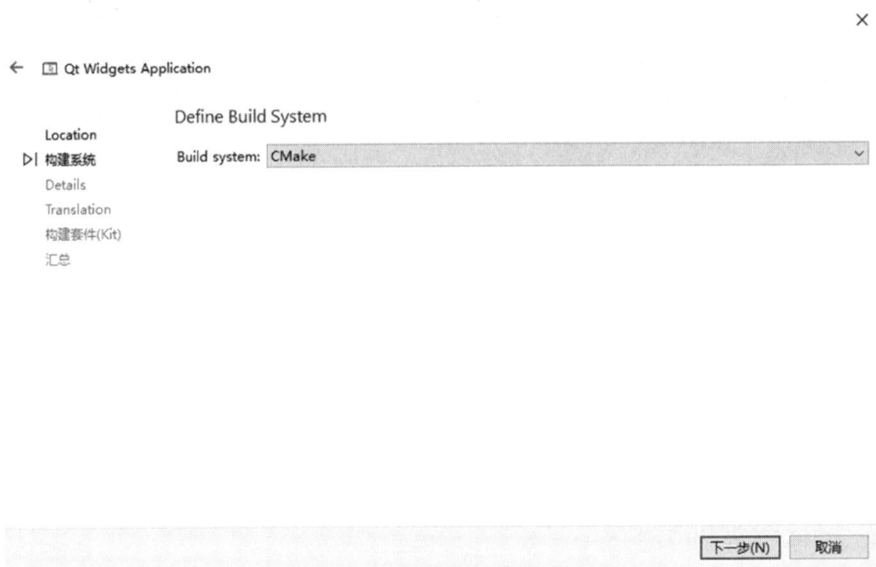

图 1-5

使用 CMake 构建的 Qt 项目，Qt 会自动生成一个如图 1-6 所示的 CMakeLists.txt 文件，其中包含了项目的基本配置，如源文件、头文件、UI 文件以及 Qt 模块的引用。

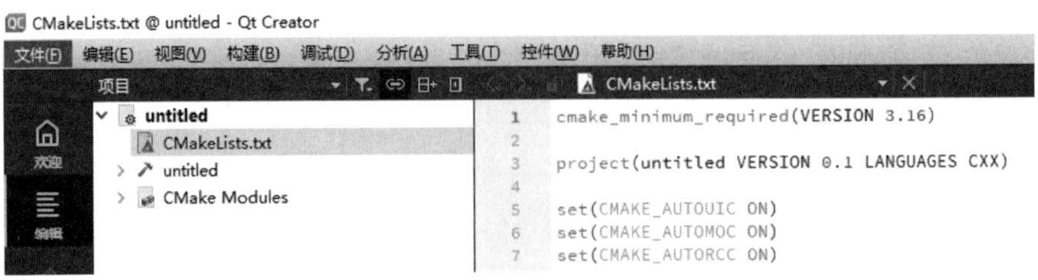

图 1-6

点击运行按钮或使用 Ctrl+R 快捷键即可运行 Qt 环境。为了确保项目正确运行，需确认 CMakeLists.txt 已正确配置目标可执行文件的输出路径，并通过 Qt Creator 的“构建”菜单或快捷键 Ctrl+B 完成项目的构建。此外，若需调试项目，可通过点击调试按钮或使用 F5 快捷键启动调试模式，确保代码在 Qt 环境中正常运行。如果项目依赖外部库或特定 Qt 模块(如 Qt Charts 或 Qt Network)，需在 CMakeLists.txt 中显式添加相关依赖并重新运行 CMake 配置。

1.2.3 在 Visual Studio Code 中使用 CMake

Visual Studio Code(以下简称 VS Code)对 CMake 的支持主要通过扩展插件实现，虽然其本身并非原生集成 CMake 的 IDE，但凭借强大的扩展生态和轻量特性，已成为使用 CMake 进行 C++开发的流行选择。

VS Code 通过官方提供的 CMake Tools 扩展实现了对 CMake 的核心支持。该扩展由 Microsoft 开发，允许用户在 VS Code 中直接管理 CMake 项目。安装后，用户只需打开包含 CMakeLists.txt 文件的项目文件夹，CMake Tools 会自动检测并解析配置文件，生成缓存并提供构建选项。开发者可通过界面或快捷键选择构建目标(如 Debug 或 Release)、指定生成器(如 Ninja 或 Unix Makefiles)以及执行构建、运行和调试操作。

在配置方面，CMakc Tools 支持图形化设置，用户可通过 VS Code 的命令面板或 settings.json 文件调整 CMake 参数，例如指定编译器、设置路径或添加自定义变量。此外，该扩展与 VS Code 的“任务”和“启动配置”系统集成，允许开发者自定义 CMake 命令并将其绑定到快捷键或工作流中。

VS Code 对 CMake 的调试支持也较为完善。结合 C/C++扩展(同样由 Microsoft 提供)，用户可利用 VS Code 的调试器(如 gdb 或 lld)直接调试 CMake 生成的可执行文件。CMake Tools 会自动生成 launch.json 配置文件，简化调试环境的搭建过程。

跨平台性是 VS Code 与 CMake 结合的一大优势。无论是 Windows、Linux 还是 macOS，VS Code 都能通过 CMake 支持统一的构建流程。用户还可借助 WSL(Windows Subsystem for Linux)或远程开发扩展，在不同操作系统间无缝切换开发环境。

然而，VS Code 对 CMake 的支持也存在一定局限。由于其依赖扩展而非内置功能，初次配置可能需要手动安装和设置插件。此外，CMake Tools 对复杂项目的解析速度可能不如专业 IDE(如 Visual Studio)，且对于某些高级 CMake 特性(如自定义生成器或复杂依赖管理)，可能需要开发者具备一定的 CMake 脚本编写能力。

总的来说，VS Code 通过 CMake Tools 扩展为 CMake 提供了灵活且轻量级的支持，特别适合偏好定制化工作流的开发者。虽然其功能深度不及 Visual Studio 等重型 IDE，但在跨平台开发、代码编辑和轻量化体验方面表现出色，是使用 CMake 进行 C++开发的优秀选择之一。

1.2.4 在 CLion 中使用 CMake

CLion 对 CMake 的支持极为深入且原生，作为 JetBrains 推出的一款专注于 C++的跨平台 IDE，CMake 是其默认且核心的构建系统。用户只需打开包含 CMakeLists.txt 文件的项目目录，IDE 便会自动检测并加载 CMake 配置文件。加载完成后，CLion 会解析 CMake 脚本，生成缓存，并将项目结构以直观的方式展示在“项目”视图中。开发者无需额外配置即可开始编辑、构建和调试项目，这一过程流畅且高效。

在配置支持方面，CLion 内置了 CMake 工具链管理功能，用户可通过图形化界面指定编译器(如 GCC、Clang、MSVC)、选择构建类型(Debug/Release)，以及调整 CMake 变量和参数。IDE 还支持 CMake 的“Profile”功能，允许为同一项目定义多个构建配置，便于在不同环境或目标间切换。此外，CLion 能够自动重新加载 CMake 项目，当 CMakeLists.txt 文件发生更改时，IDE 会实时更新缓存和项目结构，减少手动干预。

CLion 对 CMake 的构建和调试功能也表现出色。用户可通过菜单或快捷键直接执行 CMake 的生成、构建和安装命令，支持常见的生成器(如 Ninja、Unix Makefiles)。在调试方面，CLion 集成了强大的调试器(支持 GDB 和 LLDB)，能够无缝处理 CMake 生成的可执行文件，提供断点设置、变量监视和调用栈分析等功能。

代码辅助是 CLion 结合 CMake 的另一亮点。得益于对 CMake 脚本的深入解析，CLion 的 IntelliSense 能够提供精准的代码补全、语法高亮和错误检查，不仅适用于 C++源代码，也包括 CMakeLists.txt 文件本身，这使得开发者在编写和维护 CMake 脚本时更加高效。此外，CLion 支持重构和代码导航功能，能够跨文件追踪 CMake 定义的变量和目标。

跨平台支持方面，CLion 充分利用了 CMake 的特性。无论是 Windows、Linux 还是 macOS，CLion 都能通过 CMake 实现统一的构建流程。用户还可借助 WSL(Windows Subsystem for Linux)或远程开发功能，在不同操作系统间无缝使用 CMake 项目，特别适合嵌入式或多平台开发。

尽管 CLion 对 CMake 的支持非常强大，但也存在一些局限。例如，对于极少数非标准 CMake 用法或高度定制化的构建流程，可能需要手动调整配置。此外，作为商业软件，CLion 需要付费许可，这可能对部分用户构成门槛。

总的来说，CLion 对 CMake 提供了原生、全面且用户友好的支持，涵盖项目管理、构建、调试和代码辅助等多个方面。其深度集成和智能化特性使其成为使用 CMake 进行 C++开发的首选 IDE 之一，尤其适合需要高效工作流的开发者。

1.3 CMake 安装

CMake 作为一个独立且跨平台的构建系统，其使用并不局限于特定的 IDE 环境。开发者可根据需求，在 Windows、Linux、macOS 等操作系统上直接安装 CMake 工具，通过命令行或脚本调用其功能，从而实现项目构建的完全控制。在 Windows 平台上，用户可以从 CMake 官方网站下载安装程序并完成配置，随后通过命令提示符或 PowerShell 执行 CMake 命令。在 Linux 系统上，通常可通过包管理器(如 apt、yum 或 pacman)快速安装 CMake，例如在 Ubuntu 下执行 sudo apt install cmake 即可。而在 macOS 上，则可借助 Homebrew 等工具，使用命令 brew install cmake 完成安装。

这种直接使用 CMake 的方式特别适用于自动化构建流程或团队协作场景。开发者可以将 CMake 命令集成到脚本(如 Bash、Python)或持续集成(CI/CD)系统中，从而实现跨平台的统一构建管理。此外，对于不依赖 IDE 的轻量级开发环境，或在服务器端进行构建的任务，直接安装 CMake 也能显著提升效率。

需要注意的是，直接使用 CMake 要求开发者具备一定的命令行操作能力和对 CMake 脚本语法的熟悉度。对于复杂项目，可能还需要手动配置环境变量(如

PATH)或解决依赖项问题。不过，一旦掌握这些，其提供的灵活性和跨平台一致性将为项目开发带来显著便利。

1.3.1 Windows平台下安装CMake

Windows 下安装 CMake 主要有三种方式: 使用.msi 文件安装、使用.zip 包(无需安装)，以及使用 Windows 包管理工具。

(1) 使用.msi 文件安装

①访问 CMake 的官方网站，根据你的 Windows 版本，选择.msi 结尾的文件进行下载。

②在安装过程中，需要注意如图 1-7 所示的选项，一定要勾选“Add CMake to the PATH environment variable”，将 CMake 加入到环境变量中。

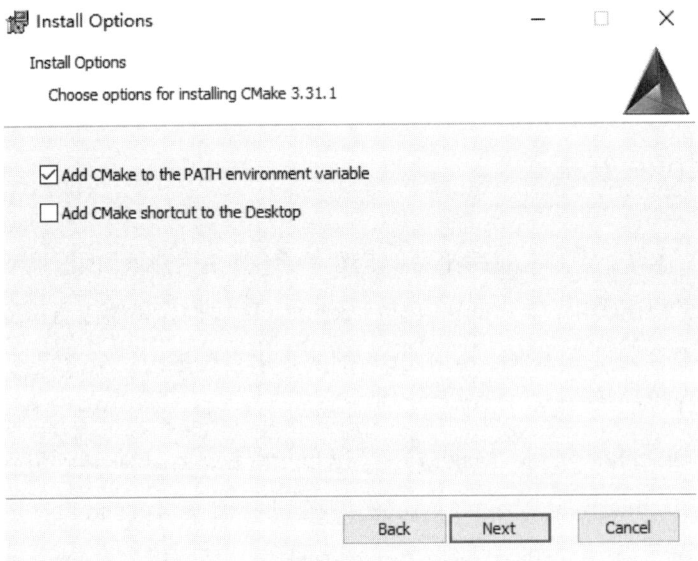

图 1-7

③完成后，在 Windows 的命令提示符(cmd)中，使用命令 cmake --version 或 cmake -version，若可以看到 CMake 的版本信息(图 1-8)，则说明安装成功。CMake 的命令行工具对--version 和-version 这两个选项的处理是等价的。但绝大多数人更倾向于使用--version。

图 1-8

(2) 使用.zip 包(无需安装)

①访问 CMake 的官方网站，根据你的 Windows 版本，选择.zip 结尾的文件进行下载。

②将下载的.zip 文件解压到合适的位置。

③将该文件解压之后的 bin 目录加入到 Windows 的环境变量后，重启 Windows 操作系统。如图 1-9 所示，将路径 C:\cmake-3.31.1-windows-x86_64\bin 分别加到了用户变量 Path 或系统变量 Path 中。

图 1-9

安装后的检查方法同前。

(3) 使用 Windows 包管理工具

如果你使用的是 Windows 10 及上的版本，那么默认已经安装了 Windows 包管理工具。只需要在 Windows 的命令提示符(cmd)中使用命令 **winget install cmake** 即可以直接完成 CMake 的下载与安装。

在使用 winget install cmake 安装时，还可以在 winget install cmake 后使用 --version 参数指定版本。如果不指定版本，那么默认会安装(或更新)最新版本。

图 1-10 为直接使用 winget install cmake 进行安装，因为之前笔者已经安装了 cmake 的 3.31.1 版本，所以 winget 找到了当时最新的安装包，并进行了升级。

需要注意的是，使用 winget install cmake 命令安装的本质是通过 github 下载相关文件，所以下载速度可能会比较慢。

```
C:\Users>winget install cmake
找到已安装的现有包。正在尝试升级已安装的包...
已找到 CMake [Kitware.CMake] 版本 3.31.5
此应用程序由其所有者授权给你。
Microsoft 对第三方程序包概不负责，也不向第三方程序包授予任何许可证。
正在下载 https://github.com/Kitware/CMake/releases/download/v3.31.5/cmake-3.31.5-windows-x86_64.msi
                                      32.4 MB / 32.4 MB
已成功验证安装程序哈希
正在启动程序包安装...
已成功安装
```

图 1-10

安装后的检查方法同前。

1.3.2 Linux 平台下安装 CMake

当需要在 Linux 环境下进行基于 CMake 的项目开发时，首先需要检查你的环境下是否安装了 CMake。使用命令 **cmake -version** 就可以检查，看到有版本信息输出，说明已经安装了 CMake(图 1-11)，如果 Linux 提示找不到 cmake 命令，说明 CMake 没有被安装。

```
[root@localhost ~]# cmake --version
cmake version 3.31.1
```

图 1-11

不同的 Linux 发行版本在安装上会有所差异。本小节会介绍主流的 Linux 发行平台下 CMake 的安装方法，但不会对具体的 Linux 相关知识进行展开。

Linux 安装 CMake 方法主要有两种：通过包管理器安装和通过官方源码包安装。

(1) 通过包管理器安装

在 Debian/Ubuntu 以及基于 Debian 的系统中，先使用 sudo apt update 以确保系统能获取到最新的软件包信息，再使用 sudo apt install cmake 命令进行安装。操作步骤如图 1-12 所示(部分截图)。

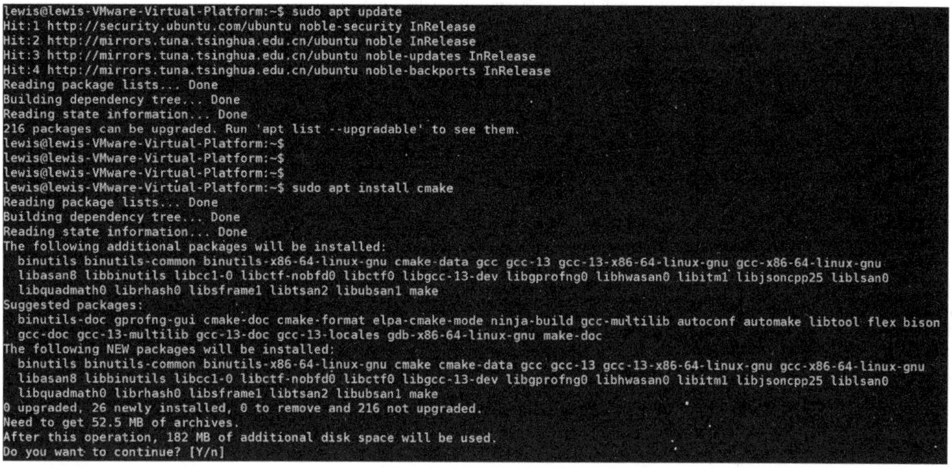

图 1-12

在 CentOS Stream/Fedora/RHEL 等发行版本中，可以使用 sudo yum install cmake 或 sudo dnf install cmake 命令进行安装，如图 1-13 所示(部分截图)。

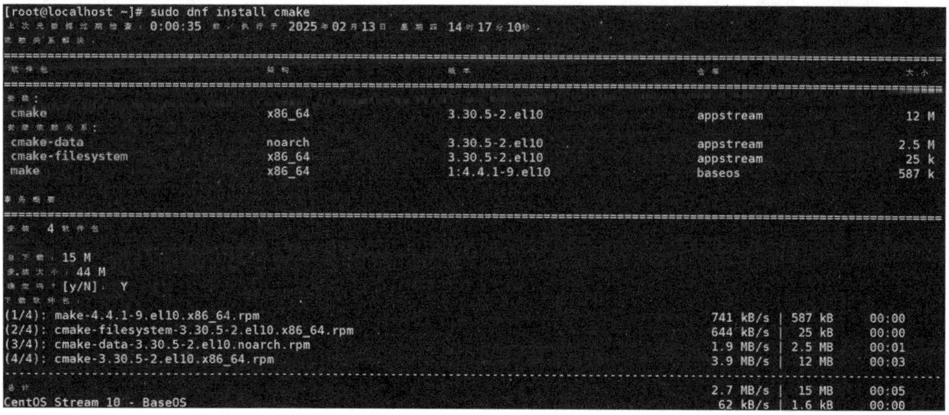

图 1-13

完成安装后，同样使用 cmake --version 命令进行验证，可以看到 CMake 的版本，则说明安装成功。

(2) 通过官方源码包安装

在 Linux 服务器无法连接 Internet 网络的情况下，我们可采取源码包的方式进行安装，同时需要挂载镜像源来安装依赖关系(挂载镜像源属于 Linux 的知识范畴，读者可在网络上查找相关方法)。具体源码包的安装步骤如下。

①访问 CMake 的官方网站，下载最新的源码包。

②将源码包上传至 Linux 服务器，并使用 tar -xzvf cmake-<version>.tar.gz 命令进行解压。<version>是下载源码包的版本。

③安装依赖关系。在 Debian/Ubuntu 及基于 Debian 的系统中，先使用 sudo apt update，再使用 sudo apt install build-essential libssl-dev 命令进行安装，命令的部分输出如图 1-14 所示。

```
lewis@lewis-VMware-Virtual-Platform:~$ sudo apt install build-essential libssl-dev
Reading package lists... Done
Building dependency tree... Done
Reading state information... Done
```

图 1-14

在 CentOS/Fedora/RHEL 及基于 RedHat 的系统中，先使用 sudo yum groupinstall "Development Tools"，命令的部分输出如图 1-15 所示。再使用 sudo yum install openssl-devel 命令进行安装。

```
[root@localhost ~]# sudo yum groupinstall "Development Tools"
CentOS Stream 10 - BaseOS                  1.3 MB/s | 6.3 MB     00:04
CentOS Stream 10 - AppStream               791 kB/s | 2.6 MB     00:03
CentOS Stream 10 - Extras packages         4.5 kB/s | 3.8 kB     00:00
```

图 1-15

其他 Linux 发行版本需要安装的依赖关系，需要读者自己学习研究。

④使用./configure --prefix=/opt/cmake 来配置编译环境，该命令指定了安装路径。配置过程会比较长，命令的部分输出如图 1-16 所示。

```
[root@localhost cmake-3.31.1]# ./configure --prefix=/opt/cmake
---------------------------------------------
CMake 3.31.1, Copyright 2000-2024 Kitware, Inc. and Contributors
Found GNU toolchain
C compiler on this system is: gcc
C++ compiler on this system is: g++
```

图 1-16

⑤使用 make 命令来编译 CMake，命令的部分输出如图 1-17 所示。

```
[root@localhost cmake-3.31.1]# make
[  0%] Building C object Source/kwsys/CMakeFiles/cmsys.dir/ProcessUNIX.c.o
[  0%] Building C object Source/kwsys/CMakeFiles/cmsys.dir/Base64.c.o
[  0%] Building C object Source/kwsys/CMakeFiles/cmsys.dir/EncodingC.c.o
[  0%] Building C object Source/kwsys/CMakeFiles/cmsys.dir/MD5.c.o
[  0%] Building C object Source/kwsys/CMakeFiles/cmsys.dir/Terminal.c.o
[  0%] Building C object Source/kwsys/CMakeFiles/cmsys.dir/System.c.o
[  0%] Building C object Source/kwsys/CMakeFiles/cmsys.dir/String.c.o
[  0%] Building CXX object Source/kwsys/CMakeFiles/cmsys.dir/Directory.cxx.o
```

图 1-17

⑥使用 sudo make install 命令来安装 CMake，命令的部分输出如图 1-18 所示。

```
[root@localhost cmake-3.31.1]# sudo make install
[  1%] Built target cmsys
[  2%] Built target cmsys_c
[  2%] Built target cmsysTestsC
[  2%] Built target testConsoleBufChild
[  3%] Built target cmsysTestDynload
[  4%] Built target cmsysTestsCxx
[  4%] Built target cmsysTestProcess
```

图 1-18

⑦根据上述配置步骤，还需要将/opt/cmake/bin 目录加到 Linux 的环境变量。你可以临时地为当前用户修改环境变量，也可以永久性地为所有用户修改环境变量等。甚至可以在某一个环境变量的路径下，使用软链接到/opt/cmake/bin。具体方法属于 Linux 的知识范畴，感兴趣的读者可在网络上查找相关方法。

⑧使用 cmake --version 命令进行测试，若可以看到 CMake 的版本信息，说明安装成功。

1.3.3 macOS 平台下安装 CMake

当需要在 macOS 环境下进行基于 CMake 的项目开发时，需要在 macOS 下安装 CMake。在 macOS 下安装 CMake 的主要方式有三种：Homebrew 方式安装、.dmg 双击安装、源码包安装。检查方法同样是使用 cmake --version 命令。

- Homebrew 方式安装：使用命令 brew install cmake 进行安装。macOS 的不同版本输出可能会有所差异，部分输出如图 1-19 所示。

图 1-19

- .dmp 双击安装：访问 CMake 的官方网站，根据你的 macOS 版本，选择.dmg 结尾的文件进行下载。下载完成后，双击安装即可。
- 源码包安装：macOS 源码包的安装方式和 Linux 的相同。

1.4 CMake 和 Make 介绍

CMake 和 Make 是两种不同层次的构建工具，它们共同构成了现代项目构建的完整工具链。CMake 本质上是一个跨平台的构建系统生成器，而 Make 则是一个底层的构建工具执行器，两者的关系或许可以类比为高级语言与汇编语言的关系。

在构建流程中，CMake 通过读取开发者编写的 CMakeLists.txt 配置文件，自动检测系统环境、管理项目依赖并生成适合当前平台的构建文件，然后 Make 则负责具体执行这些构建文件中定义的编译和链接命令。这种分工使得 CMake 能够专注于解决跨平台构建的抽象问题，而 Make 则处理具体的编译流程。

具体而言，CMake 的主要作用是根据用户编写的 CMakeLists.txt 文件生成适用于不同平台的构建系统配置文件。例如，在 Linux、Unix 或 macOS 等支持 Make 的系统中，CMake 通常生成 Makefile 文件，随后通过 make 命令调用 Make 工具来执行具体的编译和链接操作，最终生成二进制可执行文件。在 Windows 平台上，CMake 可以生成 Visual Studio 的解决方案文件(.sln)，以便开发者使用 Visual Studio 打开项目并生成.exe 可执行文件(本书将在第 2.3.2 小节对此进行详细介绍)。同样，在 macOS 系统中，CMake 也支持生成 Xcode 项目文件(.xcodeproj)，供开发者在 Xcode 集成开发环境中使用。不过，在 macOS 上，由于 make 命令通常已通过 Xcode 命令行工具提供支持，开发者更倾向于直接使用 Make 而非 Xcode 项目文件，以简化构建流程。

需要指出的是，Make 通常依赖于手动编写的 Makefile，其功能局限于执行具体的构建任务，且对跨平台支持较弱。而 CMake 则通过抽象构建过程，统一了不同平台和工具链之间的差异，具有更高的灵活性和可移植性。例如，CMake 不仅限于生成 Makefile，还可以适配 Ninja、MSBuild 等多种构建系统，进一步扩展了其应用范围。

在实际使用中，Linux 和 Unix 系统通常预装了 Make，无需额外安装；而在 macOS 上，Make 的支持则依赖于 Xcode 或命令行工具的安装。相比之下，CMake 作为一个独立的工具，需单独安装，但其跨平台特性和对复杂项目的管理能力使其在现代软件开发中得到了广泛应用。

如果开发者希望在 Windows 操作系统中使用 make 命令，虽然 Windows 本身并不原生支持该工具，但通过引入特定的软件环境，仍可实现这一目标。以下将介绍四种常用的工具，并分析其实现机制和特点，以供参考。

- WSL：它是微软推出的一项功能，允许用户在 Windows 10 及以上版本中运行完整的 Linux 发行版(如 Ubuntu、Debian 等)。通过在 WSL 中安装 Linux 环境，用户可以直接使用包管理器(如 apt 或 yum)安装 GNU make 工具，并以与 Linux 系统相同的方式执行 make 命令。由于 WSL 提供的是原生 Linux 内核接口，其兼容性较高，特别适合需要完整 Linux 开发环境的开发者。
- Cygwin：它是一个为 Windows 提供类 Unix 环境的开源软件集合。通过 Cygwin 的安装程序，用户可以选择安装 make 工具及其依赖项，从而在 Windows 上运行类似于 Unix 的构建流程。Cygwin 通过一个动态链接库(DLL)将 POSIX 接口转换为 Windows API 调用，支持大量 Unix 工具。然而，其环境相对较“重”，且配置和维护复杂度较高，通常适用于需要更多 Unix 功能的项目。
- MinGW：它是一个轻量级的开发环境，旨在将 GNU 工具链(如 GCC 编译器)移植到 Windows 平台。MinGW 提供了一个名为 mingw32-make 的工具，它是 GNU make 的 Windows 版本。尽管名称不同，其功能与标准 make 基本一致。需要注意的是，MinGW 并不模拟完整的 Unix 环境，而是直接在 Windows 上运行本地化的 GNU 工具，因此其资源占用较低，适合轻量级开发任务。
- MSYS2：它是一个基于 MinGW 的项目，提供了更完善的类 Unix 开发环境。它通过包管理器(如 pacman)支持安装 make 及其他开发工具，同时集成了 MinGW 的编译功能。相较于 MinGW，MSYS2 提供了更强大的终端支持和软件生态，能够更好地模拟 Unix 环境，因而适用于需要复杂构建流程或依赖 Unix 脚本的项目。

从上述工具的特性来看，在 Windows 上使用 make 命令的实现方式主要分为两类：一类是通过 WSL 或 Cygwin 等工具构建完整的类 Unix 环境，运行原生的 GNU make；另一类是通过 MinGW 或 MSYS2 直接在 Windows 上提供本地化的 make 工具，而无需完全依赖 Unix 环境模拟。因此，尽管这些工具都能达成使用 make 的目标，但其实现机制和适用场景各有差异。开发者可根据项目需求(如跨平台兼容性、性能开销或配置便捷性)选择合适的工具。

笔者经常使用 WSL，这里介绍一下 WSL。它是微软推出的一个兼容层，允许 Windows 用户运行 Linux 环境而不需要使用虚拟机或双启动系统。WSL 允许用户在 Windows 10 和更高版本上运行一个完整的 Linux 文件系统和命令行工具集，包括 Bash 和其他常见的 Linux 工具。以下介绍 WSL 的安装方式以及在 WSL 下安装 make 命令。

①在 Windows 的控制面板中，点击“启用或关闭 Windows 功能”。在 Windows 功能中找到“适用于 Linux 的 Windows 子系统”，点击确定后进行安装，如图 1-20 所示。

图 1-20

②在 Microsoft Store 搜索 Ubuntu 或其他你想安装的 Linux 发行版本进行安装，如图 1-21 所示(因为笔者已经安装过了，所以显示的是“打开”)。安装完成后，即可打开子系统。

图 1-21

③在打开的 Ubuntu 操作系统中分别使用 sudo apt update 和 sudo apt install build-essential 命令进行 make 工具的安装，如图 1-22 所示。

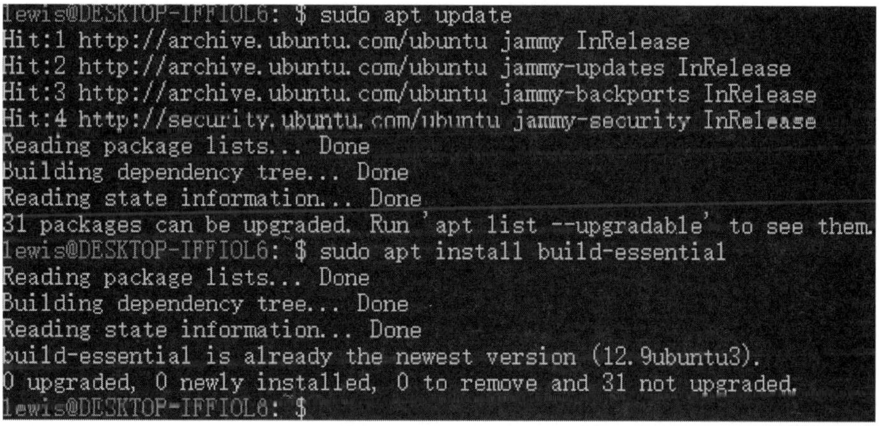

图 1-22

1.5 其他的构建工具介绍

在第 1.4 节中，我们已详细探讨了 CMake 与 Make 的区别，并介绍了在 Windows 环境下使用 make 命令的相关配置。接下来，本节将进一步介绍 CMake 与 QMake 的异同，以帮助读者更全面地理解这两种构建工具的特点及其适用场景。前文已对 CMake 进行了较为充分的说明，此处不再赘述，而将重点放在 QMake 的相关特性及其与 CMake 的对比上。

QMake 是 Qt 框架附带的一种构建系统工具，专为 Qt 项目的开发而设计。相较于 CMake，QMake 的一个显著特点是其语法较为简洁直观，开发者通过编写.pro 文件(QMake 的项目配置文件)即可快速定义项目结构、依赖关系和构建规则。这种简洁性使得 QMake 在 Qt 开发社区中颇受欢迎，尤其是在中小型 Qt 项目中，开发者往往能够以较低的学习成本实现构建需求。然而，认为"QMake 比 CMake 好用"的观点具有一定的主观性，其适用性很大程度上取决于具体的开发需求和项目背景。

尽管 QMake 也具备跨平台支持，能够在 Windows、Linux 和 macOS 等操作系统上生成适用于本地构建工具的配置文件(如 Makefile 或 Visual Studio 项目文件)，其设计初衷仍聚焦于 Qt 生态系统。这意味着 QMake 在处理非 Qt 项目或复杂构建需求时，往往显得力不从心。例如，QMake 生成的构建文件类型较为有限，且对第三方库的集成支持不如 CMake 灵活。此外，QMake 的扩展性和模块化能力也相对较弱，难以满足大型项目中多样化的构建需求。

相比之下，CMake 作为一个通用的构建系统生成工具，不仅支持 Qt 项目，还能广泛应用于各种类型的 C/C++项目甚至其他语言的开发。CMake 通过 CMakeLists.txt 文件提供更高的抽象层次，支持生成多种构建系统配置文件(如 Makefile、Ninja、Visual Studio 解决方案文件等)，并能够无缝集成第三方库和工具链。这种灵活性和适应性使得 CMake 在跨平台开发和复杂项目管理中占据优势。然而，CMake 的配置语法相对复杂，对初学者而言学习难度较大，这也是其与 QMake 的一个显著差异。

综上所述，QMake 和 CMake 各有其擅长的领域。QMake 以其简洁性和对 Qt 项目的优化见长，适合专注于 Qt 开发的场景；而 CMake 则凭借其强大的跨平台支持和灵活性，成为更通用的构建工具选择。开发者在实际应用中，应根据项目规模、依赖关系以及团队经验等因素，权衡两者的优劣以确定最适合的工具。

CMake 在构建跨平台的 C/C++项目时，使用较为频繁，流传也较为广泛。但是除了 CMake 以外也有很多优秀的构建工具，以下列出，供广大读者自行了解学习。

- Meson：基于 Python 编写的工具，适用于大多数跨平台项目，尤其在需要快速构建的情况下。

- Autotools：适用于传统的 Unix 项目，尤其是需要生成跨平台的二进制文件的项目。
- SCons：基于 Python 编写的工具，需要灵活定制构建过程，或者需要将构建过程与 Python 脚本紧密结合的项目。
- Ninja：一个小型的构建系统，需要与 CMake 等其他工具结合使用，主要作为底层构建系统使用，适合需要快速增量构建的项目。
- Bazel：Google 开发的一个开源构建工具，适合 Google 等大型企业的复杂项目，尤其是在需要支持大规模并行构建的场景中。
- Gradle：一个基于 Java 的现代构建工具，尤其适合 Java 和 Android 项目，但也可以扩展支持其他语言和工具链。
- Build2：一个基于 C++的构建工具链，主要针对 C++项目，尤其是需要集成构建、包管理和跨平台支持的项目。
- Buck：由 Facebook 开发的一个构建系统，尤其适合大规模应用程序的构建和测试。
- Cruz：一个简洁的构建工具，适用于轻量级的项目或需要快速构建的场景。

不同的工具各自的特点，在选择构建工具时，应考虑以下几个因素。

- 项目规模：对于大型项目，Bazel、Buck 和 Gradle 可能更适合。
- 平台支持：对于跨平台项目，CMake、Meson 和 SCons 提供了更广泛的支持。
- 灵活性：如果需要高度自定义构建流程，SCons、Autotools 和 Bazel 都提供了更大的灵活性。
- 语言支持：一些工具，如 Gradle 和 Bazel，支持多种编程语言，而 CMake 和 Meson 主要专注于 C/C++项目。

1.6 本章小结

本章围绕 CMake 这一构建系统工具展开了全面的介绍，旨在帮助读者了解其基本概念、发展历程及实际应用价值。在探讨使用 CMake 的动因时，我们分析了其相较于传统构建工具的优势，包括跨平台支持、对复杂项目的管理能力以及灵活的配置方式，这些特性使其在现代软件开发中占据重要地位。此外，本章还详细介绍了 CMake 对集成开发环境(IDE)的支持，涵盖了其如何生成适用于 Visual Studio、Xcode 等主流 IDE 的项目文件，从而提升开发效率。

为便于读者上手，进一步提供了 CMake 的安装指南，结合不同操作系统的特点，确保开发者能够顺利搭建开发环境。在此基础上，本章对 CMake 与 make 命令的关系进行了深入剖析，明确了两者在构建流程中的层次差异与协作机制。同时，还扩展了对其他构建工具的介绍，包括 QMake 等，比较了它们与 CMake 在功能与适用场景上的异同，为读者提供了更广阔的选择参考。

本章通过对 CMake 的多维度探讨，不仅奠定了后续深入学习的基础，也为读者理解构建工具在软件开发中的作用提供了系统性视角。从下一章开始，我们将从一个简单的 Hello World 项目开始，由浅入深地开始学习 CMake。

第2章

初识 CMake 构建

使用 CMake 的目的就是为了方便实现跨平台的项目构建。相比于传统的构建方式来说，CMake 使得开发者可以在各个平台上，仅通过使用同一个 CMakeLists.txt 文件就能对项目进行构建，从而简化跨平台开发和构建管理。

为了帮助读者更好地理解跨平台性，本章将以构建一个简单的 Hello World 项目为例，演示在 Linux 和 Windows 平台上使用 CMake 进行构建的过程。

2.1 基础实验环境搭建

我们先在 Linux 环境中搭建后续实验所需的环境。

①使用 mkdir 命令在 opt 目录下新建一个 CMakeLearn 目录。

```
[root@localhost ~]#cd /opt
[root@localhost opt]#mkdir CMakeLearn
```

②使用 touch 命令在该目录下新建两个文件：main.cpp 和 CMakeLists.txt。需要注意的是 CMakeLists.txt 文件的文件名，包括大小写、后缀，都需要严格按照“CMakeLists.txt”来写。

```
[root@localhost opt]#cd CMakeLearn
[root@localhost CMakeLearn]#touch main.cpp CMakeLists.txt
```

最终的目录结构如下：

```
[root@localhost CMakeLearn]# tree
.
├── CMakeLists.txt
└── main.cpp
```

③main.cpp 文件中写入一串简单的 C++代码，如输出 Hello World。CMakeLists.txt 的内容暂时为空。main.cpp 代码如下：

```
#include <iostream>
int main(){std::cout << "Hello World\n"; }
```

2.2 传统构建 HelloWorld 的方式

过去，在 Linux、Unix 以及 macOS 等操作系统环境中，开发者通常使用 g++编译器对.cpp 文件进行编译。为便于理解传统构建方式的特点，基于第 2.1 节的实验环境，我们首先通过以下命令体验使用 g++编译 main.cpp 文件，其中-o 选项用于指定输出二进制文件的名称：

```
[root@localhost CMakeLearn]#g++ main.cpp -o HelloWorld
[root@localhost CMakeLearn]#./HelloWorld
Hello World
```

乍一看，这种直接使用 g++的构建方式简单直观，仅需一条命令即可完成编译与链接。然而，当项目涉及多个源文件时，其局限性逐渐显现。例如，若需编译 main.cpp、file1.cpp 和 file2.cpp，命令需变为：

```
[root@localhost CMakeLearn]#g++ main.cpp file1.cpp file2.cpp -o HelloWorld
```

此时，假设我们仅对 main.cpp 进行了修改，而 file1.cpp 和 file2.cpp 内容未发生变化，上述命令仍会重新编译所有源文件。若 file1.cpp 或 file2.cpp 的编译过程耗时较长，则每次构建都将导致不必要的时间开销，从而降低开发效率。

针对这一问题，g++提供了一种有效的解决方法，即通过-c 选项分阶段完成编译过程。具体而言，可先使用以下命令分别生成各源文件的目标文件(.o 文件)：

```
[root@localhost CMakeLearn]#g++ -c main.cpp file1.cpp file2.cpp
file1.o   file2.o   main.o
```

生成 main.o、file1.o 和 file2.o 后，通过链接这些目标文件生成最终的可执行文件：

```
[root@localhost CMakeLearn]#g++ main.o file1.o file2.o -o HelloWorld
[root@localhost CMakeLearn]#./HelloWorld
Hello World
```

当我们修改了 main.cpp 后，只需要通过 main.cpp 重新生成 main.o 文件，而 file1 和 file2 没有修改，则可以使用原来已经生成的 file1.o 和 file2.o 文件：

```
[root@localhost CMakeLearn]#g++ -c main.cpp
[root@localhost CMakeLearn]#g++ main.o file1.o file2.o -o HelloWorld
```

尽管此方法通过增量编译优化了构建效率，但其依赖手动管理目标文件和链接步骤，在文件数量增多或依赖关系复杂时，操作繁琐且易出错。

相比之下，CMake 作为一种现代构建系统生成工具，能够显著改进这一流程。通过编写 CMakeLists.txt 文件，CMake 不仅自动识别文件依赖关系，还能生成 Makefile 或其他构建脚本，从而实现高效的增量编译。例如，使用 CMake 时，仅需定义源文件列表并运行以下命令：

```
[root@localhost CMakeLearn]#cmake .
[root@localhost CMakeLearn]#make
```

CMake 会根据文件修改情况自动判断哪些目标需重新编译，并调用合适的编译器(如 g++)来完成构建任务，无需开发者手动干预。此外，CMake 的跨平台支持和对复杂项目的管理能力进一步超越了传统 g++方式，使其在现代软件开发中更具优势。

综上所述，尽管传统 g++构建方式在简单场景下易于上手，但其在多文件管理和构建效率上的不足显而易见。而 CMake 通过自动化依赖管理和灵活的配置，提供了更高效、更便捷的解决方案，特别适用于规模较大或跨平台的项目。

2.3 CMake 构建 HelloWorld 的方式

前面已经提到过，学习 CMake 的核心就是学习如何编写 CMakeLists.txt 文件，然后使用 cmake 命令，在 Linux/Unix/macOS 中生成 MakeFile 文件，或在 Windows

中生成.sln 文件，进而生成可执行文件。图 2-1 展示了 CMake 基于 CMakeLists.txt 文件在不同的操作系统生成的文件。

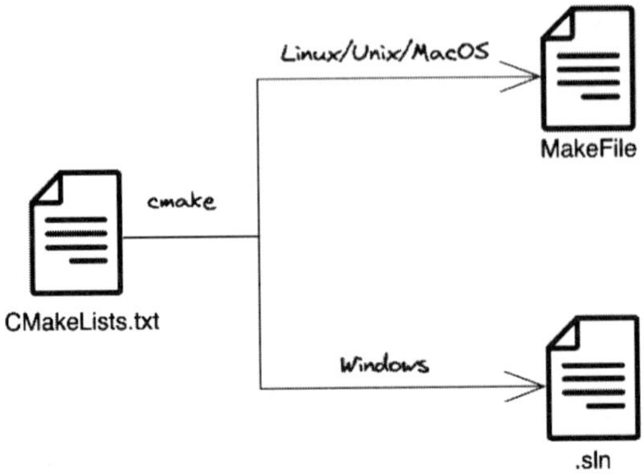

图 2-1

2.3.1 Linux 平台生成可执行文件

以下是基于第 2.1 节所创建的目录结构，在 Linux 平台上生成可执行文件的操作步骤。

第一步：在 CMakeLists.txt 文件中添加 add_executable(HelloWorld main.cpp) 命令。参考如下：

```
[root@localhost CMakeLearn]#cat CMakeLists.txt
add_executable(HelloWorld main.cpp)
```

add_executable()的作用是将指定的源文件编译成一个可执行文件，它是 CMake 项目的核心功能之一。它的语法格式如下(参数说明等见附录 1)：

```
add_executable( <target> [WIN32] [MACOSX_BUNDLE] [EXCLUDE_FROM_ALL]
                <source1> <source2> ... <sourceN>)
```

add_executable(HelloWorld main.cpp)命令中的 HelloWorld 表示需要生成的二进制文件名，通常也是项目名称。main.cpp 是需要编译的文件，文件后缀.cpp 不能省略。如果需要编译多个文件，该命令可以做如下修改。

```
add_executable(HelloWorld main.cpp file1.cpp file2.cpp file3.cpp)
```

第二步：使用 cmake 命令生成 MakeFile 文件(Linux 下的 CMake 安装参见第

1.3.2 节)。需要注意的是 cmake 命令后面有一个点，表示当前路径(可以写绝对路径或相对路径，但是需要确保该路径下有 CMakeLists.txt 文件)。在执行过程中会有一些警告，暂时无需关注。参考命令如下:

```
[root@localhost CMakeLearn]#cmake .
```

第三步: 使用 make 命令生成可执行文件，需要注意的是 make 后面不需要写路径，但是一定要和 MakeFile 文件在同一路径下。参考命令如下:

```
[root@localhost CMakeLearn]#make
```

如此，我们便完成了可执行文件的编译。可以运行所得的二进制文件 HelloWorld 进行测试。参考命令如下:

```
[root@localhost CMakeLearn]#./HelloWorld
Hello World
```

在 Linux 下，整个构建过程实际是 CMake 通过 CMakeLists.txt 文件生成 MakeFile(构建系统文件)，然后通过 make 命令解析 MakeFile 文件，并调用编译器生成二进制的可执行文件。如图 2-2 所示。

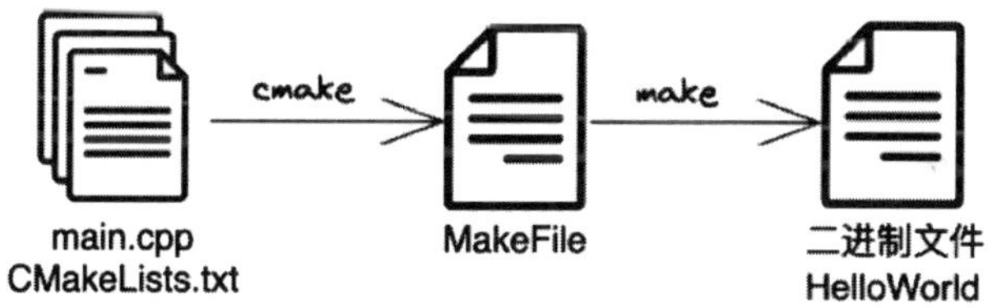

图 2-2

当我们完成上述实验后，在 CMakeLearn 路径下，将额外生成如下的两个文件和一个目录: 两个文件分别是 CMakeCache.txt 和 cmake_install.cmake，一个目录是 CMakeFiles。

```
[root@localhost CMakeLearn]# ll
总计 60
-rw-r--r--. 1 root root 14143  3月 27日 14:32 CMakeCache.txt
drwxr-xr-x. 6 root root  4096  3月 27日 14:32 CMakeFiles
-rw-r--r--. 1 root root  1928  3月 27日 14:32 cmake_install.cmake
```

```
-rw-r--r--. 1 root root    36  3月27日 14:30 CMakeLists.txt
-rwxr-xr-x. 1 root root 17104  3月27日 14:32 HelloWorld
-rwx------. 1 root root    70  3月27日 14:30 main.cpp
-rw-r--r--. 1 root root  5121  3月27日 14:32 Makefile
```

下面分别对它们的作用进行简要说明。

- CMakeCache.txt 文件：是 CMake 生成的一个缓存文件，用于存储和重用配置信息，以提升后续构建过程的效率并增强配置灵活性。该文件中记录了多项关键信息，包括编译器路径、库文件路径、CMake 选项以及用户自定义变量等。当 CMakeLists.txt 文件发生修改时，CMake 会读取 CMakeCache.txt 中的现有设置，并根据变化重新执行配置过程，更新必要的部分，而非完全重新生成所有配置。这一特性有效减少了重复配置的时间开销。

对于熟悉其格式的用户，可通过手动编辑该文件或借助 ccmake 等工具调整配置参数。此外，CMakeCache.txt 在调试构建问题时也具有重要作用，因其详细记录了配置细节，便于定位错误根源。若需清空缓存以重置配置，可直接删除该文件，或执行命令 cmake -U "*"以移除所有缓存条目。本书后续章节将多次涉及 CMakeCache.txt 的具体应用场景，进一步深化对其使用方法的理解。

- cmake_install.cmake 文件：是 CMake 在配置阶段自动生成的一个脚本文件，其主要功能是定义如何将构建过程中生成的文件(如可执行文件、库文件等)安装至指定目标位置。该文件通常与安装命令(如 make install)配合使用，确保构建产物能够按照预设规则部署到系统目录或用户指定的路径。尽管其内容可通过修改 CMakeLists.txt 中的安装规则间接调整，但一般情况下无需直接编辑该文件。

- CMakeFiles 目录：由 CMake 在构建过程中自动创建，用于存放配置、生成和构建阶段所需的各类临时文件和信息文件，例如依赖关系记录、日志文件以及编译器检测结果等。该目录的内容主要服务于 CMake 的内部运行机制，通常无需用户手动干预，且不建议直接修改其中文件，以免影响构建过程的稳定性。

2.3.2 Windows 平台生成可执行文件

同样是基于第 2.1 节所创建的目录和文件，可以从 Linux 上把这些文件拷贝到 Windows 上，当然也可以在 Windows 上新建这些文件。但我们需要考虑的是，如何生成.sln 文件让 Visual Studio 打开。本小节我们就来探讨一下这个问题。

①打开 Windows PowerShell，切换到对应的路径下，执行 cmake 命令(Windows 下的 CMake 安装参考第 1.3.1 节)。

```
C:\Users\Administrator>cd D:\CMakeLearn
D:\CMakeLearn>cmake -G "Visual Studio 17 2022" .
```

需注意命令末尾有一个点，表示当前路径。表 2-1 列出了 cmake 命令的参数说明。执行上述命令后便可得到.sln 文件。

表 2-1

参数	说明
Visual Studio 17 2022	生成 Visual Studio 2022 项目文件
Visual Studio 16 2019	生成 Visual Studio 2019 项目文件
Visual Studio 15 2017	生成 Visual Studio 2017 项目文件
Visual Studio 14 2015	生成 Visual Studio 2015 项目文件

②双击.sln 使用 Visual Studio 打开项目，打开后将看到三个项目(图 2-3)，分别是 ALL_BUILD，HelloWorld 和 ZERO_CHECK。

图 2-3

下面简单解释一下这三个项目的作用，供读者稍作了解。

● ALL_BUILD：它是 CMake 在生成某些构建系统(如 Visual Studio 解决方案)时自动创建的一个特殊目标。其主要功能是组织和管理解决方案中的所有构建目标，包括可执行文件、静态库或动态库等，从而实现一次性构建所有子项目的目的。需要注意的是，ALL_BUILD 并非用户代码项目中的实际组成部分，而是 CMake 提供的一个辅助性目标，用于简化构建流程。本书后续案例将进一步结合实例，详细展示其应用方式。

- HelloWorld: 它是通过 CMake 根据 CMakeLists.txt 文件定义并生成的实际可运行目标，通常表现为一个可执行文件。作为用户项目的直接产物，它由源代码编译而来，并受 ALL_BUILD 目标的统一管理。在构建过程中，执行 ALL_BUILD 将触发 HelloWorld 及其他相关目标的生成，从而完成整个项目的构建。
- ZERO_CHECK：它是 CMake 自动生成的另一特殊目标，其作用在于确保构建系统中的项目文件与 CMakeLists.txt 及缓存配置保持一致。当 CMakeLists.txt 内容发生修改或缓存状态更新时，ZERO_CHECK 会在构建开始前自动运行，检查并重新生成必要的项目文件，以保证构建过程的准确性。尽管其优先级较高，但该目标的执行完全由 CMake 自动管理，用户通常无需直接干预。

上述目标共同构成了 CMake 构建系统的重要组成部分。其中，ALL_BUILD 和 ZERO_CHECK 作为辅助性目标，主要服务于构建流程的自动化与完整性；而 HelloWorld 则代表用户定义的实际构建成果，体现了 CMake 在项目生成中的核心价值。后续章节将通过具体案例，进一步阐释这些目标在不同构建环境下的使用方法。

在本案例中，生成.exe 可执行文件可通过两种方式实现，即 CMake 方式和 Visual Studio 方式。以下分别对两种方法及其操作步骤进行说明:

- CMake 方式：在 CMake 构建系统中，ALL_BUILD 是一个特殊目标，用于触发项目中所有目标的构建。操作时，可在 Visual Studio 中右键点击 ALL_BUILD，选择“生成”(Build)选项。在默认配置下，生成过程完成后，可执行文件 HelloWorld.exe 将保存至 D:\CMakeLearn\Debug 路径。通过此方式，用户可一次性完成所有目标的编译与链接。
- Visual Studio 方式: 在 Visual Studio 环境中，首先需右键点击 HelloWorld 项目，将其设置为启动项目。随后，点击工具栏中的“本地 Windows 调试器”按钮，即可完成 HelloWorld.exe 的生成并直接运行程序。此方法集成了编译与运行功能，便于快速验证项目成果。

为进一步说明两种操作的区别，以下对 Visual Studio 中“生成(Build)”与“本地 Windows 调试器”的功能进行简要总结:

  - 右键项目生成：“生成”(Build)操作专注于项目的编译与构建过程，其主要任务是将源代码转化为可执行文件(如.exe)或库文件(如.dll)，但不会启动程序运行。Visual Studio 根据项目配置执行编译和链接步骤，并在过程完成后将生成的二进制文件存储至指定路径。若编译过程中出现错误或警告，相关信息将显示在输出窗口中，但此操作不涉及调试功能。

○ 使用本地 Windows 调试器："本地 Windows 调试器"不仅包括编译与构建步骤，还会在生成完成后自动启动调试器并运行程序，从而支持调试模式。在执行过程中，Visual Studio 首先完成"生成"操作，随后进入调试环境，用户可通过设置断点、查看变量值或监控代码执行流程等方式，深入分析程序行为。此方式适用于开发阶段的代码验证与问题排查。

2.3.3 Windows 平台生成带图形界面的可执行文件

在默认情况下，若 main.cpp 文件中包含与图形用户界面(GUI)相关的代码，通过 add_executable(HelloWorld main.cpp)命令生成的可执行文件将具备图形界面功能。然而，这一默认行为存在一定的局限性：add_executable()创建的可执行文件基于控制台子系统(Console Subsystem)。这意味着，在运行图形界面程序时，系统会同时显示一个命令行窗口作为附属，此现象往往与开发者的预期不符。

为解决这一问题，可在 add_executable()命令中添加 WIN32 选项。通过使用该选项，CMake 将指示链接器采用 Windows GUI 子系统(Windows Subsystem)进行构建。生成的可执行文件在运行时将不再附带控制台窗口，从而实现纯图形界面的效果。此方法特别适用于依赖图形用户界面的应用程序，例如基于 MFC、Qt 或 Win32 API 开发的程序。通过调整子系统设置，开发者能够更精确地控制程序的运行行为，以满足特定需求。

基于第 2.2.2 节中的 Visual Studio 环境，我们修改一下 main.cpp 和 CMakeLists.txt 中的部分代码，做以下测试。

①为 CMakeLists.txt 文件中的 add_executable()命令增加了 WIN32 可选项，参考命令如下：

```
add_executable(HelloWorld WIN32 main.cpp)
```

②原本 main.cpp 中输出 HelloWorld 的代码，我们全部给它添加注释或删除。使用 Windows API 创建一个简单的图形接口，参考命令如下：

```
#include <windows.h>
```

```
int WINAPI WinMain(
    HINSTANCE hInstance,
    HINSTANCE hPrevInstance,
    LPSTR lpCmdLine,
    int nCmdShow
) {
    MessageBox(
        NULL,
        "Hello World",
        "MyApp",
        MB_OK | MB_ICONINFORMATION
    );
    return 0;
}
```

图 2-4

③为了方便，我们直接将图 2-3 中的 HelloWorld 项目设置为启动项目，然后使用本地 Windows 调试器进行编译测试。测试中没有看到附带的命令行，如图 2-4 所示。

在上述 C/C++程序示例中，当使用 WIN32 选项时，传统的 main 函数不再作为程序的入口点，取而代之的是 WinMain 函数。这是因为指定 WIN32 选项后，CMake 将程序配置为基于 Windows GUI 子系统运行，而该子系统要求 WinMain 作为入口。若开发者仍以 main 函数作为入口，链接器可能因无法找到正确的入口点而报错，例如“error LNK2019：无法解析的外部符号 WinMain”。然而，某些库(如 Qt 或 SDL)通过内部机制自动适配入口点转换，可规避此类问题。

需要注意的是，WIN32 选项仅在 Windows 平台上具有实际意义。在非 Windows 平台(如 Linux 或 macOS)上，CMake 会自动忽略该选项，不影响构建过程。为支持跨平台开发，开发者可在 add_executable()命令中同时指定 WIN32 和 MACOSX_BUNDLE 选项，其中后者用于在 macOS 系统中生成应用程序包(Bundle)。通过这种方式，可在不修改 CMakeLists.txt 文件内容的前提下，实现跨平台项目的统一配置。参考命令如下：

```
add_executable(MyApp WIN32 MACOSX_BUNDLE main.cpp)
```

上述配置确保了程序在 Windows 平台上以 GUI 子系统运行，在 macOS 平台上生成符合系统规范的应用包，从而提升项目的可移植性和兼容性。

2.4 优化 CMakeLists.txt 文件

在前述内容中，我们分别在 Linux 和 Windows 中使用 CMake 完成了 HelloWorld 项目的构建。在本节中，我们将学习三个命令，并添加在 CMakeLists.txt 文件中，以便优化 HelloWorld 项目的构建。分别是：

- project()：定义项目的基本信息，语法格式为：

```
project(<project_name>
        [VERSION <major>[.<minor>[.<patch>[.<tweak>]]]]
        [DESCRIPTION <project_description>]
        [HOMEPAGE_URL <url>]
        [LANGUAGES <language_name>...])
```

- set()：定义变量，语法格式为：

```
set(<variable> <value1> <value2 ...> [CACHE <type> <docstring> [PARENT_SCOPE])
```

- message()：定义输出/调试信息，语法格式为：

```
message(<mode> "message")
```

2.4.1 定义项目的基本信息 project()

project()命令用于定义项目的基本信息，主要包括定义项目名称、项目支持的语言以及与项目相关的全局变量。

(1) 定义项目的名称

具体参考命令如下所示：

```
[root@localhost CMakeLearn]#cat CMakeLists.txt
project(HelloWorld)
add_executable(${PROJECT_NAME} main.cpp)
```

在上述示例中，project(HelloWorld)命令将项目名称指定为 HelloWorld。一旦项目名称被定义，CMake 会自动生成一个内置变量 PROJECT_NAME，该变量用于存储项目的名称。通过${变量名}的语法形式，可以访问并读取该变量的内容。

需要特别注意的是，PROJECT_NAME 是 CMake 的内置变量，按照 CMake 的命名规则，所有内置变量均需使用全大写字母。因此，诸如 project_name 或 Project_Name 之类的写法将被视为两个独立的普通变量，而非内置变量。此外，若未通过 project()命令定义项目名称，则内置变量 PROJECT_NAME 的值将为空。

(2) 定义项目代码使用的编程语言

具体参考命令如下所示:

```
[root@localhost CMakeLearn]#cat CMakeLists.txt
project(HelloWorld LANGUAGES C CXX)
add_executable(${PROJECT_NAME} main.cpp)
```

在上述命令中，project()用于定义项目名称 HelloWorld，并通过可选参数 LANGUAGES 指定支持的编程语言。在此例中，LANGUAGES 被设置为 C 和 CXX，分别表示 C 语言和 C++语言。若未显式指定 LANGUAGES 参数，CMake 默认启用 C 和 CXX 作为编译语言。除了 C 和 C++，project()命令还支持其他语言，例如 Fortran、Objective-C、Objective-C++以及 Swift 等。

需要注意的是，LANGUAGES 作为关键字必须使用全大写形式，且其后的语言标识(如 C、CXX 等)也需遵循 CMake 的标准命名规范书写。

此外，对于某些无需编译语言支持的项目(如纯脚本项目)，可通过将 LANGUAGES 设置为 NONE 来禁用语言支持。以下是相应的 CMakeLists.txt 配置示例:

```
[root@localhost CMakeLearn]#cat CMakeLists.txt
project(HelloWorld LANGUAGES NONE)
add_executable(${PROJECT_NAME} main.cpp)
```

(3) 设置项目的版本号

具体参考命令如下所示:

```
project(HelloWorld VERSION 1.2.3)
add_executable(${PROJECT_NAME} main.cpp)
```

上述命令将 HelloWorld 项目的版本号定义为 1.2.3。其中，VERSION 是 project()命令的一个可选参数，用于指定项目的版本信息。

版本号通常遵循："主版本号.次版本号.补丁号.调整号"的格式规范。通过 VERSION 参数定义版本号后，CMake 会自动将版本信息存储到一系列预定义变量中，以便在后续的 CMake 脚本中调用。这些变量包括：

- PROJECT_VERSION：项目的完整版本号。
- PROJECT_VERSION_MAJOR：项目的主版本号。
- PROJECT_VERSION_MINOR：项目的次版本号。
- PROJECT_VERSION_PATCH：项目的补丁号。
- PROJECT_VERSION_TWEAK：项目的补充版本号。
- <PackageName>_VERSION：项目名称的完整的版本号。
- <PackageName>_VERSION_MAJOR：项目名称的主版本号。
- <PackageName>_VERSION_MINOR：项目名称的次版本号。
- <PackageName>_VERSION_PATCH：项目名称的补丁号。
- <PackageName>_VERSION_TWEAK：项目名称的补充版本号。

在本案例中上述变量名和其对应的值，如表 2-2 所示。

表 2-2

项目版本号变量名	值
PROJECT_VERSION	1.2.3
PROJECT_VERSION_MAJOR	1
PROJECT_VERSION_MINOR	2
PROJECT_VERSION_PATCH	3
PROJECT_VERSION_TWEAK	NULL(空)
HelloWorld_VERSION	1.2.3
HelloWorld_VERSION_MAJOR	1
HelloWorld_VERSION_MINOR	2

续表

项目版本号变量名	值
HelloWorld_VERSION_PATCH	3
HelloWorld_VERSION_TWEAK	NULL(空)

若需在 project()命令中同时指定版本号和编程语言，可以结合 VERSION 和 LANGUAGES 两个关键字。例如:

```
project(HelloWorld VERSION 1.2.3 LANGUAGES C CXX)
```

在此配置中，VERSION 和 LANGUAGES 的顺序可以任意调整，二者均为可选参数，且互不影响。

在上述案例中，当使用 project()命令指定版本号时，执行 cmake 命令可能会触发以下报错:

```
CMake Error at CMakeLists.txt:1 (project):
VERSION not allowed unless CMP0048 is set to NEW
```

该报错的出现源于 CMake 版本及其策略设置引发的向后兼容性问题。具体而言，这一错误与 CMake 的策略 CMP0048 相关，该策略决定 project()命令是否支持 VERSION 关键字。

在 CMake 3.0 之前的版本中，project()命令并不支持 VERSION 关键字。若需设置版本号，只能通过 set()命令以变量形式定义，例如 set(PROJECT_VERSION "1.2.3")。自 CMake 3.0 起，project()引入了 VERSION 关键字可直接指定版本号。然而，为确保向后兼容性，CMake 默认采用旧策略(OLD)，除非用户明确指定新策略(NEW)。策略 CMP0048 的默认值为 OLD，表示遵循旧行为；若将其设置为 NEW，则启用新行为，允许使用 VERSION 关键字。

所以，为了解决上述这个报错有两个解决方法，可以设置最低的 CMake 版本并启用新策略或显式设置 CMP0048 策略为 NEW。

①设置最低的 CMake 版本并启用新策略。具体参考命令如下所示:

```
cmake_minimum_required(VERSION 3.31)
project(HelloWorld VERSION 1.2.3)
add_executable(${PROJECT_NAME} main.cpp)
```

上述 cmake_minimum_required(VERSION 3.31)命令用于指定读取当前 CMakeLists.txt 文件时所需的最低 CMake 版本。在编写此命令之前，建议通过 cmake --version 命令确认当前环境中安装的 CMake 版本。若你的 CMake 版本较新，也可选择指定一个低于当前版本的版本号。该命令应始终置于 CMakeLists.txt 文件的首行(有关 cmake_minimum_required()命令的详细参数说明，请参阅附录 1)。

通过设置 cmake_minimum_required(VERSION 3.31)，CMake 会隐式地将 CMP0048 策略设置为 NEW。这是因为自 CMake 3.0 版本起，VERSION 关键字已获得支持。对于解决相关报错信息，这种方法简单且备受推荐。它不仅能确保使用较新的 CMake 版本，还能兼容现代 CMake 特性。

若你曾按照本书第 2.3 节的实验操作进行实践，可能会注意到 CMake 在编译时生成了一个警告信息。这是因为当 CMakeLists.txt 文件中未指定 cmake_minimum_required()时，执行 cmake 命令后，CMake 会提示警告，建议通过 cmake_minimum_required()命令明确指定最低版本要求。

当然，cmake_minimum_required()的核心功能在于版本控制。若用户使用的 CMake 版本低于指定要求，CMake 将终止运行并报错。同时，CMake 会根据指定的版本启用或禁用某些功能，从而确保构建过程的兼容性与稳定性。

②显式设置 CMP0048 策略来管理 CMake 行为，具体参考命令如下所示：

```
cmake_policy(SET CMP0048 NEW)
project(HelloWorld VERSION 1.2.3)
add_executable(${PROJECT_NAME} main.cpp)
```

上述 cmake_policy()命令用于管理 CMake 在不同版本间的策略差异。随着 CMake 版本的演进，其默认行为可能发生变化，而 cmake_policy()命令允许开发者明确指定采用某一版本的行为模式，从而确保在不同 CMake 工具链之间的一致性。

具体而言，cmake_policy(SET CMP0048 NEW)指示 CMake 采用新策略，启用对 VERSION 关键字的支持。虽然此命令能够有效解决相关报错问题，但从最佳实践角度出发，仍推荐优先使用 cmake_minimum_required()命令来设定最低版本要求，以兼顾版本兼容性与功能需求。

(4) project()命令其他常用可选项介绍

在 project() 命令中，常用的可选参数包括 DESCRIPTION 和 HOMEPAGE_URL。具体参考命令如下所示:

```
project(HelloWorld VERSION 1.2.3
        LANGUAGES C CXX
        DESCRIPTION "This is a HelloWorld project"
        HOMEPAGE_URL "www.HelloWorld.com")
```

DESCRIPTION 用于记录项目的简要描述。定义该参数后，CMake 会自动生成 PROJECT_DESCRIPTION 变量，用于存储项目的描述信息。此外，基于项目名称，CMake 还会创建 <project-name>_DESCRIPTION 变量(例如 HelloWorld_DESCRIPTION)，同样保存该描述字符串。这两个变量分别提供通用和项目特定的描述访问方式，便于后续在构建过程中引用。

HOMEPAGE_URL 用于指定项目的相关 URL 地址，可以是官方网站、GitHub 页面或其他资源链接。该信息可供构建系统或其他工具用于生成文档、元数据，或为用户提供参考。定义后，CMake 会自动生成 PROJECT_HOMEPAGE_URL 和 <project-name>_HOMEPAGE_URL(例如 HelloWorld_HOMEPAGE_URL)两个变量，用于存储 URL 信息。需注意的是，HOMEPAGE_URL 选项自 CMake 3.12 版本起才受支持，因此使用时应确保 CMake 版本符合要求。

最后再补充一点，在一个 CMakeLists.txt 文件中，project()命令通常仅应调用一次，用以定义顶层项目的名称、版本、语言等属性。这是 CMake 设计理念的核心，旨在通过单一调用明确项目的基本信息。例如，以下写法是错误的:

```
project(HelloWorld LANGUAGES C CXX VERSION 1.2.3)
project(DESCRIPTION "This is a HelloWorld project")
```

多次调用 project()会导致定义冲突或行为未定义。然而，在特定场景下，例如子目录中独立的 CMakeLists.txt 文件，CMake 允许额外的 project()调用以定义子项目。此处暂不展开讨论。

2.4.2 定义变量 set()

与许多编程语言类似，CMake 支持变量的创建、修改和删除操作，并允许定义缓存变量和列表变量等(有关 set()命令的详细参数说明，见附录 1)。

(1) 创建变量

以下示例展示了如何使用 set()命令创建一个新变量 var，并为其赋值"Hello World"：

```
set(var "Hello World")
message("var is: " ${var})
```

上述命令中，set(var "Hello World")命令定义了一个变量名为 var 的变量，并将其值设置为字符串"Hello World"。其中，var 为变量名称，"Hello World"为赋给该变量的具体值。

message("var is: " ${var})命令用于输出信息。双引号中的"var is: "为固定字符串，而${var}表示引用变量 var 的值并将其输出。最终，屏幕将显示"var is: Hello World"。

在执行 cmake 命令编译时，部分输出结果如下：

```
[root@localhost CMakeLearn]#cmake .
var is: Hello World
```

(2) 修改变量

CMake 中，支持对变量进行修改。参考命令如下：

```
set(var "Hello World")
set(var "Hello CMake")
message("var is: " ${var})
```

上述命令中，使用 set()命令先将 var 变量设置了 Hello World。然后再一次使用 set()命令设置 var 变量，将其修改为 Hello CMake。

在执行 cmake 命令编译时，部分输出结果如下：

```
[root@localhost CMakeLearn]#cmake .
var is: Hello CMake
```

(3) 删除变量

CMake 中，使用 unset()命令可以对赋值的变量进行删除。参考命令如下：

```
set(var "Hello World")
```

```
unset(var)
message("var is: " ${var})
```

上述命令中，使用 set()先将 var 变量设置了 Hello World。然后使用 unset(var)命令将 var 变量删除。使用 message()命令输出 var 变量的值为空，说明该变量已被删除。

在执行 cmake 命令编译时，部分输出结果如下：

```
[root@localhost CMakeLearn]#cmake .
var is:
```

(4) 定义缓存变量

顾名思义，缓存变量的设计初衷即是将变量信息持久化保存至缓存文件中，以支持构建过程中的灵活配置。定义缓存变量的目的是便于用户在通过 cmake 命令构建项目时，利用-D 参数直接修改 CMakeLists.txt 文件中定义的变量值，而无需手动编辑该文件的内容。缓存变量一经定义，其值将被存储至 CMakeCache.txt 文件中。其语法格式为：

```
set(var_name value CACHE TYPE docstring)
```

- var_name：变量的名称，用于标识定义的缓存变量。
- value：赋予该变量的初始值。
- CACHE：关键字，指示将该变量存储至 CMakeCache.txt 缓存文件中。
- TYPE：指定变量的类型。缓存变量支持以下四种类型：STRING、BOOL、FILEPATH 和 INTERNAL。表 2-3 列出了各类变量的用途及特性。其中，“是否可见/可修改”指的是用户是否可以通过 cmake 命令(例如-D 参数)修改变量值。需要注意的是，无论类型如何，缓存变量在底层均以字符串形式存储，类型的主要作用在于帮助用户或工具快速识别变量的预期用途。
- docstring：描述性字符串，用于说明变量的功能或用途，通常显示在图形化界面(如 ccmake 或 cmake-gui)中以供参考。

表 2-3

变量类型	用途说明	是否可见/可修改
STRING	存储字符串	是
BOOL	存储布尔值，用于逻辑判断	是

续表

变量类型	用途说明	是否可见/可修改
FILEPATH	存储文件路径	是
INTERNAL	内部变量，不对外暴露	否

以下示例展示了如何使用 set()命令定义缓存变量，并在编译过程中通过-D 选项修改其值，同时验证其存储情况。

①定义缓存变量，参考命令如下：

```
set(CacheVar "Hello World" CACHE STRING "Test Cache Var")
message("var is: " ${CacheVar})
```

上述命令中CacheVar是定义的缓存变量的名称。"Hello World"赋予CacheVar的初始值。CACHE STRING 是关键字及类型声明，指定该缓存变量为字符串类型(STRING)。"Test Cache Var"：变量的描述字符串(docstring)，用于说明其用途。此描述为必填项，不可省略，通常在图形化配置工具(如 cmake-gui)中显示以供参考。

②执行以下命令进行常规编译，输出缓存变量的值，在未指定修改的情况下，CacheVar 的值保持初始定义的"Hello World"，并通过 message()命令输出。

```
[root@localhost CMakeLearn]#cmake .
var is: Hello World
```

③通过以下命令在编译时利用-D 选项修改 CacheVar 的值，此命令将CacheVar 的值更新为"Hello CMake"，并在输出中反映该变化，验证了缓存变量可通过命令行动态修改的特性。

```
[root@localhost CMakeLearn]#cmake -D CacheVar="Hello CMake" .
var is: Hello CMake
```

④通过以下命令查看 CMakeCache.txt 文件，确认缓存变量 CacheVar 已记录其中，输出显示 CacheVar 的类型为 STRING，值为"Hello CMake"，证明缓存变量被成功存储至 CMakeCache.txt 文件中。

```
[root@localhost CMakeLearn]#cat CMakeCache.txt | grep CacheVar
CacheVar:STRING=Hello World
```

(5) 定义列表变量

在介绍使用 set()命令定义列表变量之前，先分析以下示例命令及其行为：

```
set(var1 "Hello World")
set(var2 'Hello World')
set(var3 Hello World)
message("var1 is: " ${var1})
message("var2 is: " ${var2})
message("var3 is: " ${var3})
```

执行 cmake 命令编译时，部分输出结果如下：

```
[root@localhost CMakeLearn]#cmake .
var1 is: Hello World
var2 is: 'HelloWorld'
var3 is: HelloWorld
```

上述命令使用 set()定义了三个变量：var1、var2 和 var3，并分别采用不同方式赋值：

set(var1 "Hello World")：使用双引号赋值，输出为 Hello World，保留空格及完整字符串。

set(var2 'Hello World')：使用单引号赋值，输出为'HelloWorld'，单引号被视为普通字符，且空格被忽略。

set(var3 Hello World)：未使用引号赋值，输出为 HelloWorld，空格被视为分隔符，导致值被解析为列表形式。

从上述的输出结果中，可以得出以下三个结论：

- 双引号的作用：使用双引号时，CMake 将引号内的内容视为一个完整的字符串，保留其中的空格和字符，适用于定义单一字符串值。
- 单引号的处理：CMake 中单引号无特殊语法意义，仅作为普通字符包含在值中，不影响字符串解析。
- 无引号与列表：若未使用引号且值中包含空格，CMake 以空格为分隔符，将内容解析为列表形式存储。列表可理解为类似数组的结构，包含多个元素。

在上述示例中，var3 的定义 set(var3 Hello World)未使用双引号，且 Hello 和 World 间有空格。CMake 将其解析为一个包含两个元素(Hello 和 World)的列表变量，而非单一字符串。双引号的主要作用在于区分变量存储的是完整字符串还是列表：带双引号表示单一字符串，不带双引号且含空格则表示列表。

以下命令示例展示了在使用 message()输出变量时，双引号的有无对结果的影响：

```
set(var3 Hello World)
message("var3 is: " ${var3})
message("var3 is: " "${var3}")
```

执行 cmake 命令编译时，部分输出结果如下：

```
[root@localhost CMakeLearn]#cmake .
var3 is: HelloWorld
var3 is: Hello;World
```

从上述命令以及输出结果中可以看出：

- set(var3 Hello World)：定义变量 var3，未使用双引号，CMake 将其解析为一个列表，包含两个元素：Hello 和 World。
- message("var3 is: " ${var3})：在 message()中，${var3}未加双引号，CMake 将列表中的元素(Hello 和 World)直接拼接输出，结果为 HelloWorld，无分隔符。
- message("var3 is: " "${var3}")：在 message()中，${var3}加双引号，CMake 将 var3 视为一个整体列表，输出时以分号(;)作为元素间的分隔符，结果为 Hello;World。

因此，在 message()命令中，双引号的作用在于控制列表变量的输出格式：无双引号时拼接为单字符串，加双引号时显式展示列表结构。

以下示例展示了如何使用 foreach()循环遍历并输出列表变量中的值(关于循环的详细说明，可参阅本书第 3.2 节，此处仅做简要介绍)：

```
set(var Hello World)
foreach(e ${var})
    message("${e}")
endforeach()
```

执行 cmake 命令编译时，部分输出结果如下：

```
[root@localhost CMakeLearn]#cmake .
```

```
Hello
World
```

从输出结果可知，由于定义 var 时未使用双引号且值中包含空格，set()命令将 Hello World 以列表形式存储，而非单一字符串。因此，在 foreach()循环中，列表的每个元素(Hello 和 World)被逐一输出，message()的默认行为使每个元素之间以换行分隔，呈现为两行。

2.4.3 定义输出/调试信息 message()

在 CMake 中，message()命令主要用于输出消息。在第 2.4.2 节中，我们已通过 message()命令实现了常规消息输出。本节将重点探讨如何利用 message()输出调试信息。自定义调试消息能够显著提升输出的可读性和可维护性(有关 message()命令的详细参数，见附录 1)。

为使 message()输出调试信息，可在消息前添加模式关键字，参考格式为：

```
message(<mode> "message")
```

其中，<mode>指定消息的类型和调试级别。表 2-4 列出了常用的调试级别关键字及其作用，调试级别从 1(最高)到 10(最低)依次递减。

表 2-4

调试级别	调试级别关键字	解释
1	FATAL_ERROR	致命错误级别，触发后 CMake 将终止编译和生成过程
2	SEND_ERROR	错误级别，CMake 继续编译但停止生成过程
3	WARNING	普通警告，提示潜在问题但不中断构建流程
4	AUTHOR_WARNING	开发者警告，通常用于提示开发者注意特定问题
5	DEPRECATION	弃用警告，提示某功能、变量或命令在当前版本仍可用，但在未来可能移除
6	NOTICE	通知类信息，重要但非紧急，用于报告构建过程中的关键状态或结果(CMake 3.15 起支持)
7	STATUS	标准状态输出，消息左侧以--开头，表示常规信息
8	VERBOSE	详细配置信息，非调试用途，用于提供额外上下文(CMake 3.15 起支持)
9	DEBUG	调试信息，适用于开发过程中的问题排查(CMake 3.15 起支持)
10	TRACE	细粒度调试信息，比 DEBU 更详细(CMake 3.15 起支持)

以下通过实例展示 message()命令在不同模式下的实际用法及其输出效果。

(1) 标准输出

命令(CMakeLists.txt 文件部分内容):

```
message(STATUS "Hello World")
```

输出:

```
[root@localhost CMakeLearn]#cmake .
-- Hello World
```

使用 STATUS 模式输出标准状态信息，消息左侧以--开头，表示常规构建过程中的提示信息。

(2) 告警输出

命令(CMakeLists.txt 文件部分内容):

```
message(WARNING "Hello World")
```

输出:

```
[root@localhost CMakeLearn]#cmake .
CMake Warning at CMakeLists.txt:6 (message):
    Hello World
```

使用 WARNING 模式输出警告信息，CMake 会在消息前附加文件路径和行号(如 CMakeLists.txt:6)，提示潜在问题但不中断构建流程。

(3) 错误输出

命令(CMakeLists.txt 文件部分内容):

```
message(SEND_ERROR "Hello World")
```

输出:

```
[root@localhost CMakeLearn]#cmake .
CMake Error at CMakeLists.txt:7 (message):
    Hello World
```

使用 SEND_ERROR 模式输出错误信息，CMake 同样显示文件路径和行号(如 CMakeLists.txt:7)。根据表 2-4，此模式下 CMake 继续编译但停止生成过程。与 FATAL_ERROR 不同，后者会立即终止编译和生成。

(4) 调试消息的启用与日志级别调整

若需使用 DEBUG 模式的调试消息，必须调整 CMake 的日志级别。默认日志级别为表 2-4 中的 NOTICE，低于此级别的模式(如 DEBUG 和 TRACE 等)的调试消息默认不会显示。CMake 提供了以下两种常用方法调整日志级别。

①通过命令行参数调整日志级别(CMakeLists.txt 文件部分内容):

```
message(DEBUG "Hello World")
```

输出:

```
[root@localhost CMakeLearn]#cmake . --log-level=DEBUG
-- Hello World
```

在 cmake 命令中添加--log-level=DEBUG 参数，将日志级别设置为 DEBUG，从而启用 DEBUG 模式的消息输出。输出以--开头，与 STATUS 模式类似。

②通过内置变量调整日志级别(CMakeLists.txt 文件部分内容):

```
set(CMAKE_MESSAGE_LOG_LEVEL "DEBUG")
```

输出:

```
[root@localhost CMakeLearn]#cmake .
-- Hello World
```

使用 set()命令将内置变量 CMAKE_MESSAGE_LOG_LEVEL 设置为"DEBUG"，即可在脚本中启用 DEBUG 级别的消息输出。此方法无需命令行参数，适用于脚本内控制日志级别。

在实际项目中，DEBUG 模式常用于输出变量值以便调试，或结合 if()命令在特定条件下输出调试信息。此外，可通过检查缓存变量与预期值是否一致，进一步验证构建配置的正确性。

(5) 输出特殊符号与转义字符

在 message()命令中，可输出特殊符号。若希望直接输出${var}(变量引用语法本身)而非变量的值，需使用转义字符反斜杠\，其用法与大多数编程语言一致。以下为示例(CMakeLists.txt 文件部分内容):

```
set(var "Hello World")
```

```
message(\${var})
```

输出：

```
[root@localhost CMakeLearn]#cmake .
${var}
```

在 message(\${var})中，反斜杠\对${var}进行转义，阻止 CMake 解析变量值，而是将其作为普通字符串输出，结果为${var}。

2.5 本章小结

本章系统介绍了构建“Hello World”程序的多种方法，并深入探讨了 CMake 在现代构建过程中的应用及其核心命令。首先，我们回顾了基于 g++的传统构建方式。这种传统方法虽然直观，但在复杂项目中则较为繁琐，难以满足跨平台和大规模构建需求。

随后，我们转向 CMake 构建方式，展示了其在 Linux 和 Windows 平台上的统一性和便捷性。通过编写 CMakeLists.txt 文件并运行 cmake 命令，CMake 能够生成适用于不同平台的构建系统(如 Linux 上的 Makefile 或 Windows 上的 Visual Studio 项目文件)，从而实现跨平台一致性。

还通过 project()、set()和 message()命令的介绍，为读者奠定了 CMake 基础知识的坚实基础。这些内容不仅适用于简单的“Hello World”程序，也为后续复杂项目的构建管理提供了理论和实践支持。

第3章

CMake 常用语法介绍

在上一章的简单实践中，我们对 CMake 的构建流程的有了初步认识，现在进入一个更具实用性的阶段——对 CMake 常用语法的深入和探索。

本章将聚焦于 CMake 中最核心且常用的语法工具，帮助你更灵活地控制构建过程。不同读者可根据自身情况进行学习，或在需要时检索。我们将从 if()命令的条件语法判断入手，学习如何根据条件动态调整配置；接着探讨 foreach()循环，掌握批量处理任务的技巧；然后深入学习函数的定义与使用，提升代码复用性。这些内容将帮助你提升编写健壮 CMakeLists.txt 文件的关键能力，无论是面对简单项目还是复杂工程，都能游刃有余。

3.1 条件判断语法

与许多编程语言类似，CMake 的条件判断主要通过 if()命令实现。其独特之处在于语法结构中的表达式，使用的操作符和关键字需严格遵循 CMake 的特定规范。通过条件判断，CMake 能够根据不同情景动态配置构建系统，从而为项目管理提供更高的灵活性。

if()命令是 CMake 脚本中最核心的控制结构之一，支持丰富的条件表达式，包括比较运算符(如 EQUAL、LESS)、逻辑运算符(如 AND、OR、NOT)以及特殊关键字(如 EXISTS、IS_DIRECTORY)。这些表达式的多样性使得 if()命令能够处理从简单变量检查到复杂文件操作的各种任务。例如，它可以根据目标平台的特性调整编译选项，或根据文件是否存在决定是否执行特定构建步骤。此外，if()命令常与 elseif()和 else()配合使用，形成多分支逻辑，进一步增强其灵活性。

在实际项目中，if()命令的应用场景十分广泛。它不仅是独立判断的工具，还常与循环命令(如 foreach()和 while())结合，构建更复杂的控制流。例如，在遍历文件列表时，可通过 if()判断每个文件的属性以决定处理方式；在动态生成目标时，可根据条件筛选需要配置的模块。这种与循环的协同作用，使 CMake 能够高效应对多变的项目需求。

以下是 if()条件判断的基本语法结构：

```
if(表达式)
    # 如果表达式为真，则执行此块的命令
elseif(表达式)
    # 当上一个表达式为假，且此表达式为真时执行的代码(可选)
    # elseif()可以有多个，也可以没有
else()
    # 如果表达式为假，则执行此块的命令(可选)
endif()
```

在 CMakc 中，if()命令的条件表达式根据特定规则判断真假。以下情况会被视为真(TRUE)：

- 数值为 1 或其他非零数值；
- 变量已定义且其值不为空，且不为以下特定字符串：“0”“OFF”“NO”“FALSE”“N”“IGNORE”“NOTFOUND”，或以“-NOTFOUND”结尾。

反之，以下情况会被视为假(FALSE)：

- 数值等于 0；
- 未定义的变量，或已定义但值为空字符串；
- 已定义变量的值为以下字符串之一：“0”“OFF”“NO”“FALSE”“N”“IGNORE”“NOTFOUND”，或以“-NOTFOUND”结尾；
- 任意字符串常量，例如 if("VAR")。在早期 CMake 版本中，此类写法可能被解析为 TRUE，并受策略 CMP0054 控制。然而，本书基于新版 CMake 测试，此行为已废弃，不建议使用。

以下通过示例展示上述概念的用法与注意事项，命令(CMakeLists.txt 文件部

分内容):

```
set(VAR "Hello World")
if(VAR)
    message("TRUE")
else()
    message("FALSE")
endif()
# 输出: TRUE
```

从上述代码可以看出，通过 set()命令定义了变量 VAR，并赋值为"Hello World"。由于该变量已定义且值不为空，同时不属于 CMake 视为 FALSE 的特殊字符串(如“0”“OFF”等)，因此 if(VAR)的判断结果为 TRUE，输出“TRUE”。

需要特别注意的是，若将上述代码中的 if(VAR)分别修改为 if("VAR")、if("${VAR}")或 if(${VAR})，CMake 均会输出“FALSE”，原因如下:

在最新版本的 CMake 中，if("VAR")和 if("${VAR}")被视为字符串常量，而非变量引用，因此输出为 FALSE。

对于 if(${VAR})这样定义话 CMake 会去找变量${VAR}，不是变量 VAR。所以也会输出 FALSE。然而，当 if(${VAR})与某些特定表达式结合使用时(如比较操作符)，CMake 能够正确解析变量 VAR 的值。

接下来，我们将介绍 CMake 中 if()命令常用的条件表达式及其特殊用法。

3.1.1 表达式：比较运算符

在 if()命令的条件表达式中，比较运算符是最常用的工具之一。其语法格式如下:

```
if(<value1> <operator> <value2>)
```

其中，<value1>和<value2>可以是以下形式:

- ${VAR}，用于读取变量的值;
- 未加双引号的变量名 VAR，直接引用变量;
- 字符串或数字的字面量。

<operator>为具体的比较运算符。表 3-1 列出了 CMake 中常用的比较运算符及其功能。

表 3-1

操作符	说明
EQUAL	数字比较：判断是否相等
LESS	数字比较：判断是否小于
GREATER	数字比较：判断是否大于
LESS_EQUAL	数字比较：判断是否小于等于
GREATER_EQUAL	数字比较：判断是否大于等于
STREQUAL	字符串比较：判断是否相同
STRLESS	字符串比较：按顺序比小于
STRGREATER	字符串比较：按顺序比大于
STRLESS_EQUAL	字符串比较：按顺序比小于等于
STRGREATER_EQUAL	字符串比较：按顺序比大于等于
MATCHES	字符串比较：正则表达式匹配(较少使用)

以下通过实例展示比较运算符的实际用法。

(1) 数字比较

以下代码 if()命令中的表达式判断变量 num 是否等于 1。如果等于 1 就输出 num = 1，如果不等于 1 就输出 num != 1。

命令(CMakeLists.txt 文件部分内容):

```
set(num 1)
if(num EQUAL 1)
    message("num = 1")
else()
    message("num !=1")
endif()
# 输出: num = 1
```

在上述示例中，if(num EQUAL 1)使用 EQUAL 运算符进行数字比较。等价地，该表达式也可写为 if(${num} EQUAL 1)。为简洁起见，通常直接使用 if(num EQUAL 1)形式。如果在数字上加上双引号(如"1")，CMake 会自动将其转换为数值进行比较。然而，若变量未定义或其值不是有效数值，则会导致 CMake 在解析时报告错误。

(2) 字符串比较

以下代码使用 if()命令中的表达式判断字符串"HelloWorld"和"HelloCMake"的大小。比较过程按字顺序(从左到右)逐字符进行。由于"HelloWorld"中的字符 W 在字典序中大于"HelloCMake"中的字符 C，因此输出"str1 > str2"。

命令(CMakeLists.txt 文件部分内容):

```
set(str1 "HelloWorld")
set(str2 "HelloCMake")
if(str1 STRGREATER str2)
    message("str1 > str2")
else()
    message("str1 < str2")
endif()
# 输出: str1 > str2
```

在上述字符串比较中，CMake 从左到右逐字符比较，当遇到不同的字符 W 和 C 时停止。CMake 会基于 ASCII 表或 UTF-8 编码的字符顺序进行比较，因此字符串比较对大小写敏感，且不会将字符串转换为数值。

(3) 使用正则表达式

以下代码使用 if()命令中的正则表达式判断字符串"HelloWorld"是否包含子串"World"。命令如下(CMakeLists.txt 文件部分内容):

```
set(str1 "HelloWorld")
if(str1 MATCHES "World")
    message("contains World")
else()
    message("not contains World")
endif()
# 输出 contains World
```

在上述示例中 if(str1 MATCHES "World")命令用于判断变量 str1 的值是否匹配正则表达式"World"。str1 被定义为"HelloWorld"，由于其包含子串"World"，该条件判断为真(TRUE)，从而触发后续的 message("contains World")输出。具体而言:

- MATCHES 运算符检查 str1 的完整值是否满足给定的正则表达式;
- 在此例中，"World"作为简单正则表达式，相当于检测子串是否存在;
- 比较运算对大小写敏感，且无需将字符串转换为其他类型。

3.1.2 表达式：逻辑运算符

在 CMake 中，逻辑运算符用于组合或操作多个条件表达式，常出现在 if()、elseif()等控制语句中，以实现复杂的逻辑判断。表 3-2 列出了 CMake 中常用的逻辑运算符及其功能。

表 3-2

操作符	说明	语法举例	判断依据
AND	逻辑与	if(表达式 1 AND 表达式 2)	1. 当所有表达式为 TRUE 时，结果为 TRUE 2. 任意表达式为 FALSE，结果为 FALSE
OR	逻辑或	if(表达式 1 OR 表达式 2)	1. 任意表达式为 TURE 时，结果为 TRUE 2. 所有表达式为 FALSE 时，结果为 FALSE
NOT	逻辑非	if(NOT 表达式)	将表达式的布尔值取反： TRUE 变为 FALSE; FALSE 变为 TRUE

以下通过实例展示逻辑运算符的用法(CMakeLists.txt 文件部分内容):

```
set(str1 "HelloWorld")
set(str2 "HelloCMake")
if(str1 MATCHES "World" OR str2 MATCHES "World")
   message("contains World")
else()
   message("not contains World")
endif()
# 输出: contains World
```

上述示例中使用 MATCHES 运算符进行正则匹配，判断 str1 或 str2 是否包含子串"World"。由于逻辑运算符 OR(或)仅需任一条件为 TRUE 即可使整个表达式为 TRUE，在此例中，str1 MATCHES "World"为 TRUE，因此输出"contains World"。

与大多数编程语言类似，CMake 的逻辑运算符 AND 和 OR 支持短路求值的

概念。具体而言:

- 对于 AND(与)，若第一个操作数为 FALSE，则后续操作数不再评估，结果直接为 FALSE;
- 对于 OR(或)，若第一个操作数为 TRUE，则后续操作数不再评估，结果直接为 TRUE。

当 if()命令中包含多个逻辑表达式时，建议使用括号明确优先级。例如:

表达式 if(FALSE AND FALSE OR TRUE)，CMake 判断为 TRUE(因为 FALSE AND FALSE 为 FALSE，再与 TRUE 进行 OR 运算);

表达式 if(FALSE AND (FALSE OR TRUE))，CMake 判断为 FALSE(因为 FALSE OR TRUE 为 TRUE，但与 FALSE 进行 AND 运算后为 FALSE)。

关于逻辑运算符的优先级，尽管一些资料表明 CMake 遵循 NOT > AND > OR 的顺序，但实际测试显示，CMake 并非严格按照此优先级执行判断。为避免歧义，建议在涉及多个逻辑表达式时始终使用括号明确运算顺序，以确保结果符合预期。

3.1.3 特殊表达式：IS_NEWER_THAN

在实际项目中，检查某个文件是否需要重新编译是一项常见需求。在 CMake 的 if()命令中，可使用 IS_NEWER_THAN 关键字比较两个文件的时间戳，以判断文件是否需要重新编译。其语法格式如下:

```
if(<file1> IS_NEWER_THAN <file2>)
```

当<file1>的修改时间晚于<file2>时，条件判断为 TRUE，反之则为 FALSE。若任一文件不存在，结果也为 FALSE。参考示例如下(CMakeLists.txt 文件部分内容):

```
set(Main "./main.cpp")
set(Hello "./Hello.cpp")
if( ${Main} IS_NEWER_THAN ${Hello})
    message("TRUE")
else()
    message("FALSE")
endif()
```

输出：

```
[root@localhost CMakeLearn]# cmake .
FALSE
```

在上述示例中，由于 Hello.cpp 的修改时间晚于 main.cpp，因为 if(${Main} IS_NEWER_THAN ${Hello})判断为 FALSE，因此输出“FALSE”。

使用 IS_NEWER_THAN 时需注意以下几点：

- 若需读取变量的值，必须使用${变量名}形式，直接使用变量名(如 Main)无效；
- 该关键字支持直接使用文件路径字面量，例如 if("../main.cpp" IS_NEWER_THAN "../Hello.cpp")是合法写法。

此外还有一个路径的问题，在上述示例中，cmake .命令在/opt/CMakeLearn 路径下执行，而 main.cpp 和 Hello.cpp 文件同样位于该路径下。因此，示例代码在当前目录下运行 cmake .时能够正确识别文件路径。然而，在后续章节(如第 5 章)中，我们将介绍外部构建和子目录的概念，此时执行 cmake 命令的路径可能会发生变化，所以文件路径需根据实际情况进行调整。

在实际项目中，包含 CMakeLists.txt 的项目文件通常会被打包分发给不同用户使用，可能运行于 Windows、macOS 或 Linux 系统，且用户可能将项目置于不同路径下。为避免要求用户手动修改 CMakeLists.txt 中的文件路径，建议使用 CMake 的内置变量来动态指定路径。

以下是几个与路径相关的常用内置变量及其说明：

- PROJECT_BINARY_DIR：项目二进制文件输出的绝对路径。
- <projectname>_BINARY_DIR：特定项目的二进制文件输出的绝对路径(与 project()命令中定义的项目名称绑定)。
- PROJECT_SOURCE_DIR：项目源代码的绝对路径。
- <projectname>_SOURCE_DIR：特定项目的源代码的绝对路径(与 project()命令中定义的项目名称绑定)。

上述四个变量的值基于 project()命令定义的顶层上下文。在包含多个 CMakeLists.txt 文件的项目中(详见第 4 章)，通常每个子目录拥有独立的 CMakeLists.txt，但只有最外层(顶层)的 CMakeLists.txt 中定义了 project()命令。因此，这些变量反映的是最外层 CMakeLists.txt 所在目录的二进制输出路径或源代码路径。

在本例中，由于项目较为简单，二进制文件和源代码均位于/opt/CMakeLearn 路径下，且仅使用单一 CMakeLists.txt，通过 message()输出上述四个变量均显示为 /opt/CMakeLearn。尽管如此，还有一个更通用的选择是使用 CMAKE_CURRENT_SOURCE_DIR 内置变量。该变量表示当前处理的 CMakeLists.txt 文件所在目录，在多 CMakeLists.txt 项目中尤为适用(第 4 章将详细探讨此变量)。

基于 CMAKE_CURRENT_SOURCE_DIR，上述代码可优化如下：(CMakeLists.txt 文件部分内容)：

```
set(Main "${CMAKE_CURRENT_SOURCE_DIR}/main.cpp")
set(Hello "${CMAKE_CURRENT_SOURCE_DIR}/Hello.cpp")
if( ${Main} IS_NEWER_THAN ${Hello})
    message("TRUE")
else()
    message("FALSE")
endif()
```

输出：

```
[root@localhost CMakeLearn]# cmake .
FALSE
```

3.1.4 特殊表达式：IS_DIRECTORY

在 if()命令中，IS_DIRECTORY 关键字常用于验证构建过程中指定的目录是否存在。其语法格式如下：

```
if(IS_DIRECTORY <path>)
```

若<path>为存在的目录，则条件判断为 TRUE；否则为 FALSE。

以下示例判断/usr/include 路径是否存在，参考命令如下(CMakeLists.txt 文件部分内容)：

```
if(IS_DIRECTORY "/usr/include")
    message("TRUE")
else()
```

```
    message("FALSE")
endif()
# 输出: FALSE
```

在上述命令中，<path>支持多种形式：既可直接指定路径字面量(如"/usr/include")，也可用 set()命令定义变量后通过${变量名}读取，还可结合上一节提到的内置路径变量(如 CMAKE_CURRENT_SOURCE_DIR)设置。

3.1.5 特殊表达式：IS_ABSOLUTE

在 if()命令中，IS_ABSOLUTE 关键字常用于检查路径是否为绝对路径，以确保符合预期。其语法格式如下：

```
if(IS_ABSOLUTE <path>)
```

若<path>为绝对路径，则条件判断为 TRUE；若为相对路径，则为 FALSE。

以下示例判断${CMAKE_CURRENT_SOURCE_DIR}/main.cpp 是否为绝对路径，参考命令如下(CMakeLists.txt 文件部分内容)：

```
if(IS_ABSOLUTE "${CMAKE_CURRENT_SOURCE_DIR}/main.cpp")
    message("TRUE")
else()
    message("FALSE")
endif()
# 输出: TRUE
```

通常，判断路径是否为绝对路径时，<path>路径中一般包含变量(如 CMAKE_CURRENT_SOURCE_DIR)。对直接使用硬编码的绝对路径或相对路径进行判断意义不大，因为结果已知。

3.1.6 特殊表达式：EXISTS

在 if()命令中，EXISTS 关键字常用于检查文件系统中的某个文件或目录是否存在。其语法格式如下：

```
if(EXISTS <path>)
```

若<path>存在(可以是文件或目录)，则条件判断为 TRUE；否则为 FALSE。

以下示例判断${CMAKE_CURRENT_SOURCE_DIR}/main.cpp 文件是否存在，参考命令如下(CMakeLists.txt 文件部分内容)：

```
if(EXISTS "${CMAKE_CURRENT_SOURCE_DIR}/main.cpp")
    message("TRUE")
else()
    message("FALSE")
endif()
# 输出：TRUE
```

3.1.7 特殊表达式：DEFINED

在 if()命令中，DEFINED 关键字常用于判断某个变量是否已定义，常用于检查配置变量或缓存变量是否存在。其语法格式如下：

```
if(DEFINED <variable>)
```

若变量<variable>已定义(无论其值为何，甚至为空字符串)，则条件判断为 TRUE；若未定义，则为 FALSE。

以下示例判断变量 VAR 是否已被定义，参考命令如下(CMakeLists.txt 文件部分内容)：

```
set(VAR "Hello World")
if(DEFINED VAR)
    message("TRUE")
else()
    message("FALSE")
endif()
# 输出：TRUE
```

DEFINED 关键字不仅可用于检查普通变量，还能检测环境变量和缓存变量是否已定义。环境变量使用语法 if(DEFINED ENV{<variable>})，缓存变量使用语法 if(DEFINED CACHE{<variable>})。

以下示例结合逻辑运算符 AND，同时判断 Linux 环境变量 PATH 和 CMake 缓存变量 CVAR 是否已定义，参考命令如下(CMakeLists.txt 文件部分内容)：

```
set(CVAR "Hello World" CACHE STRING "This is a test CVAR")
```

```
if(DEFINED ENV{PATH} AND DEFINED CACHE{CVAR})
    message("TRUE")
else()
    message("FALSE")
endif()
# 输出: TRUE
```

在上述示例中，Linux 系统默认存在环境变量 PATH，且通过 set()命令定义了缓存变量 CVAR，因此 DEFINED ENV{PATH}和 DEFINED CACHE{CVAR}均为 TRUE，逻辑 AND 运算结果为 TRUE，输出“TRUE”。

3.1.8 特殊表达式：IN_LIST

在 if()命令中，IN_LIST 关键字常用于判断某个值是否包含在指定的列表中，例如检查配置或选项是否属于允许的集合。其语法格式如下：

```
if(<value> IN_LIST <list>)
```

若<value>是<list>中的元素，则条件判断为 TRUE；否则为 FALSE。

以下示例展示 IN_LIST 的简单用法。参考命令如下(CMakeLists.txt 文件部分内容)：

```
set(MY_LIST "apple;banana;orange")
if("banana" IN_LIST MY_LIST)
    message("TRUE")
else()
    message("FALSE")
endif()
# 输出: TRUE
```

在上述示例中，set(MY_LIST "apple;banana;orange")定义了一个列表，使用双引号和分号分隔符使其结构清晰。也可以不使用双引号，以空格分隔元素(例如 set(MY_LIST apple banana orange))，效果相同。由于"banana"存在于 MY_LIST 中，if("banana" IN_LIST MY_LIST)判断为 TRUE，输出“TRUE”。

值得注意的是，IN_LIST 不仅限于简单判断，还可结合 CMake 的列表循环使用(详见第 3.2 节)。

3.1.9 特殊表达式：COMMAND

在 if()命令中，COMMAND 关键字常用于判断 CMake 中某个命令是否存在。其语法格式如下：

```
if(COMMAND <command-name>)
```

若<command-name>是有效的 CMake 命令(无论是内置命令还是自定义命令)，则条件判断为 TRUE；否则为 FALSE。

以下示例判断 CMake 内置命令 message()是否存在，参考命令如下(CMakeLists.txt 文件部分内容)：

```
if(COMMAND message)
    message("TRUE")
else()
    message("FALSE")
endif()
# 输出：TRUE
```

在上述示例中，需注意以下几点：

- COMMAND 关键字后接命令名称(如 message)，不含括号；
- CMake 的命令名称对大小写不敏感，例如 MESSAGE 或 message 效果相同。

3.1.10 特殊表达式：POLICY

在 if()命令中，POLICY 关键字常用于判断某个 CMake 策略是否存在，通常用于兼容性检查以确保策略可用。其语法格式如下：

```
if(POLICY <policy-id>)
```

若策略<policy-id>在当前 CMake 版本中存在，则条件判断为 TRUE；否则为 FALSE。

以下示例判断策略 CMP0048 在当前 CMake 版本中是否存在，参考命令如下(CMakeLists.txt 文件部分内容)：

```
if(POLICY CMP0048)
    message("TRUE")
```

```
else()
    message("FALSE")
endif()
# 输出：TRUE
```

在上述示例中，由于当前 CMake 版本支持策略 CMP0048，if(POLICY CMP0048)判断为 TRUE，因此输出“TRUE”。

3.1.11 特殊表达式：TARGET

在 if()命令中，TARGET 关键字常用于判断某个目标(Target)是否存在。该目标通常是通过 add_executable()或 add_library()定义的可执行文件或库(如静态库或动态共享库)，也可能是其他目标的依赖库。其语法格式如下：

```
if(TARGET <target-name>)
```

若<target-name>是通过 add_executable()或 add_library()定义的目标，则条件判断为 TRUE；否则为 FALSE。

以下示例通过 add_library()生成一个静态库并进行判断，参考命令如下(CMakeLists.txt 文件部分内容)：

```
add_library(my_lib STATIC Hello.cpp)
if(TARGET my_lib)
    message("TRUE")
else()
    message("FALSE")
endif()
# 输出：TRUE
```

在上述示例中，add_library(my_lib STATIC Hello.cpp)定义了一个名为 my_lib 的静态库目标。由于该目标已通过 add_library()创建，if(TARGET my_lib)判断为 TRUE，因此输出“TRUE”。

3.1.12 特殊表达式：TEST

在 if()命令中，TEST 关键字用于判断某个测试用例是否存在。该测试用例通常通过 add_test()命令定义，用于指定项目中的测试目标。add_test()命令为项目添加一个可由 ctest 执行的测试用例，TEST 允许开发者检查某个测试用例是否已定义。其语法格式如下(关于 CMake 中的测试，详见第 8 章)：

```
if(TEST <test-name>)
```

若<test-name>是通过 add_test()命令定义的测试用例名称，则条件判断为 TRUE；否则为 FALSE。

以下示例通过 add_test()定义一个测试用例，并使用 TEST 关键字判断其是否存在。参考命令如下(CMakeLists.txt 文件部分内容)：

```
enable_testing()
add_test(NAME my_test COMMAND my_executable)
if(TEST my_test)
    message("TRUE")
else()
    message("FALSE")
endif()
# 输出：TRUE
```

在上述示例中，enable_testing()启用项目的测试功能，随后 add_test(NAME my_test COMMAND my_executable)定义了一个名为 my_test 的测试用例，该测试用例运行 my_executable 可执行文件。由于该测试用例通过 add_test()已明确创建，if(TEST my_test)条件判断为 TRUE，因此输出"TRUE"。若 my_test 未通过 add_test()定义，则条件判断为 FALSE，输出"FALSE"。

3.1.13 特殊表达式总结

CMake 的 if()命令支持多种特殊表达式，用于执行特定的条件判断。表 3-3 列出了本节介绍的常用特殊表达式关键字及其作用。需要注意的是，CMake 支持的特殊表达式关键字远不止于此，本书仅选取较为常用的部分进行介绍，具体如下。

表 3-3

特殊表达式关键字	作用
IS_NEWER_THAN	比较两个文件的时间戳，判断哪一个较新
IS_DIRECTORY	检查指定路径是否为目录

续表

特殊表达式关键字	作用
IS_ABSOLUTE	检查指定路径是否为绝对路径
EXISTS	检查指定文件或目录是否存在于文件系统
MATCHES	使用正则表达式匹配字符串
DEFINED	检查变量(包括普通变量、环境变量或缓存变量)是否已定义
IN_LIST	检查某值是否包含在指定列表中
COMMAND	检查指定命令(内置或自定义)是否可用
POLICY	检查指定策略在当前 CMake 版本中是否存在
TARGET	检查指定目标(如库或可执行文件)是否已定义
TEST	检查指定测试用例是否已定义

3.2 循环

CMake 并非传统意义上的编程语言,其核心目标是生成构建系统(如 Makefile 或 Visual Studio 项目文件)。因此，其循环机制设计较为简单，但功能足以满足构建过程中的多种需求。CMake 支持的循环命令主要包括 foreach()和 while()。

CMake 的循环存在一定局限性，主要表现在以下方面:

- 它适用于小型任务，不适合大规模数据处理，因为 CMake 作为解释型脚本语言，性能有限;
- 若逻辑过于复杂，建议借助外部脚本(如 Python)生成相关 CMake 文件以简化处理;
- 循环中的错误可能难以调试，推荐使用 message()命令输出中间状态以辅助定位问题。

在项目中，循环的主要用途包括：通过命令遍历文件、为多个模块动态生成构建目标，或检查特定状态(如文件是否存在)。以下将详细介绍 foreach()和 while()的使用方法、语法及其常见应用场景。

3.2.1 foreach 循环

foreach()是 CMake 脚本语言中最常用的循环控制结构之一，专为遍历列表、数值范围或多变量组合而设计。其语法具有高度灵活性，支持多种使用场景，能够满足不同的迭代需求。其基本结构以 foreach(<循环变量> <列表或范围>)作为起始语句，以 endforeach()作为结束语句，具体形式如下:

```
foreach(<循环变量> <列表或范围>)
    # 循环体
endforeach()
```

在上述结构中，<循环变量>是在每次迭代中用于存储当前值的变量名称，而<列表或范围>则定义了迭代的对象，可以是预定义的列表、指定的数值范围或其他支持迭代的数据结构。循环体内的命令将在每次迭代时按照顺序执行。

foreach()的常见用法包括:

- 遍历列表：如 foreach(item a b c)，依次处理列表中的每个元素。
- 遍历范围：如 foreach(i RANGE 1 10)，迭代指定数值范围内的整数。
- 多变量迭代：如 foreach(var1 IN LISTS list1 list2)，同步遍历多个列表。

通过其简洁而强大的功能，foreach()在 CMake 中广泛应用于重复性任务的自动化处理，例如文件操作、变量赋值及条件判断等场景。下面介绍 foreach()命令的使用案例。

(1) 普通迭代方式

以下为 CMake 中 foreach()循环使用普通迭代方式示例，参考命令如下所示(CMakeLists.txt 文件部分内容):

```
set(var Hello World)
foreach(e ${var})
    message("${e}")
endforeach()
# 输出:
Hello
World
```

上述代码通过 set()命令定义了一个变量 var，其值为包含"Hello"和"World"两个字符串元素的列表。foreach(e ${var})语句构造了一个循环，其中 e 为循环变量，${var}表示变量 var 解引用后得到的列表。在循环的每次迭代中，e 依次获取列表中的当前元素，并通过 message("${e}")命令将该元素值输出至控制台。

(2) 列表变量迭代方式

以下为 CMake 中 foreach()循环使用列表变量迭代方式示例，参考命令如下所示(CMakeLists.txt 文件中的部分内容)：

```
set(var Hello World)
foreach(e IN LISTS var)
    message(${e})
endforeach()
# 输出:
Hello
World
```

上述代码通过 set()命令定义了一个变量 var，其值为包含"Hello"和"World"两个字符串的列表。foreach(e IN LISTS var)语句利用 IN LISTS 关键字指定以列表变量 var 进行迭代，其中 e 为循环变量。在每次迭代中，e 依次获取列表中的元素值，并通过 message("${e}")命令输出至控制台。需特别注意的是，IN LISTS 后接的是变量名 var 而非其解引用形式${var}，这是该语法的重要特性。

(3) 范围迭代方式

以下为 CMake 中 foreach()循环使用范围迭代方式示例，参考命令如下所示(CMakeLists.txt 文件中的部分内容)：

```
foreach(e Hello World)
    message(${e})
endforeach()
# 输出:
Hello
World
```

在上述示例中，foreach(e Hello World)语句将待遍历的列表(即"Hello"和"World")直接嵌入 foreach()命令中，而无需通过变量预先定义。循环变量 e 在每次迭代中依次获取列表中的元素值，并通过 message("${e}")命令输出至控制台。此方式适用于快速迭代少量已知元素。

以下是基于 RANGE 的范围迭代示例，参考命令如下所示(CMakeLists.txt 文件中的部分内容)：

```
foreach(e RANGE 0 10 5)
    message(${e})
endforeach()
# 输出:
0
5
10
```

在该示例中，foreach(e RANGE 0 10 5)语句通过 RANGE 关键字实现数值范围的迭代。RANGE 接收三个参数：起始值(0)、终止值(10)和步长(5)，表示从起始值到终止值(含)以指定步长递增。循环变量 e 在每次迭代中依次取值为 0、5 和 10，并通过 message("${e}")命令输出至控制台。此方式与许多编程语言中的范围迭代机制类似，适用于按固定步长遍历数值序列。

3.2.2 while 循环

CMake 中的 while()循环使用方式与其他众多编程语言类似，其作用在于当指定条件为真时，反复执行循环体内的语句。其结构以 while(<条件判断>)起始，以 endwhile()结束。需特别注意的是，若循环体内未包含改变条件状态的语句，则可能导致无限循环。其基本语法格式如下所示：

```
while(<条件判断>)
    #循环体
endwhile()
```

以下为 CMake 中 while()命令循环用法的一个简单示例，参考命令如下所示(CMakeLists.txt 文件中的部分内容)：

```
set(count 0)
while(count LESS 3)
    message(${count})
    math(EXPR count "${count} + 1")
endwhile()
# 输出:
0
1
```

```
2
```

上述代码首先通过set()命令定义变量count并初始化为0。while(count LESS 3)使用LESS运算符判count是否小于3，若条件为真，则执行循环体。循环体内，message("${count}")输出当前值，math(EXPR count "${count} + 1")对count执行加1操作并更新其值，直至条件不再满足。

math()命令用于基本数学计算，语法为：

```
math(EXPR <variable> <expression>)
```

其中，EXPR表示数学表达式，<variable>为结果存储变量，<expression>支持加、减、乘、除和取模运算。不支持浮点数计算，小数部分将被截断，适用于CMake项目构建的简单场景。

在while()命令的循环中，CMake与其他编程语言类似，提供了break()和continue()这两个命令，分别用于立即终止当前循环以及跳过本次循环并开始下一次迭代。

以下为CMake中while()命令使break()和continue()示例，参考命令如下所示(CMakeLists.txt文件中的部分内容)：

```
foreach(num 1 2 3 4 5)
    if(num EQUAL 3)
        continue()  #跳过3
    endif()
    if(num EQUAL 5)
        break()  #在5时退出
    endif()
    message("${NUM}")
endforeach()
# 输出:
1
2
4
```

在上述代码中：

- 当num等于3时，continue()命令被执行，跳过当前循环体的剩余部分，直接进入下一次迭代，因此 3 未被输出。

- 当 num 等于 5 时，break()命令被执行，立即终止 foreach 循环，因此 5 及之后的数字不再被处理。

最终，输出的数字为 1、2 和 4。

3.3 函数

与大多数编程语言类似，函数的主要作用是提高代码的复用性。在 CMake 中，可以使用 function()命令来定义函数，并 endfunction()结束函数的定义。CMake 的函数有助于开发者组织代码、提升可读性，并增强代码的复用性，尤其在管理复杂的 CMake 项目时非常有用。

本节将介绍 CMake 中函数的定义、参数传递、作用域以及返回值等内容。CMake 函数的基本语法结构如下：

```
function(<name> [arg1 [arg2 ...]])
    #函数体
endfunction()
```

其中，<name>：函数名称，在调用时使用该名称。[arg1 [arg2 ...]](可选)：函数接受的参数列表。函数体：包含具体的 CMake 逻辑代码。通过合理使用函数，可以提高 CMake 脚本的结构化程度，使代码更易维护和扩展。

CMake 中函数的特点：

- 作用域独立：CMake 的函数在执行时，会创建一个新的作用域。在函数内部修改的变量不会影响外部作用域中的变量，除非使用 PARENT_SCOPE 关键字显式修改外部变量。
- 参数传递：在调用 CMake 函数时，可以向其传递任意数量的参数。函数内部可以使用与参数名称相同的变量来访问这些参数。
- 代码复用：通过封装常见操作，函数可以减少代码重复，使 CMakeLists.txt 文件更加清晰、简洁。

3.3.1 函数的定义

本小节主要通过示例阐述函数的定义、可变参数及可选参数的相关内容。

(1) 函数的定义

以下为参考命令示例，参考命令如下(CMakeLists.txt 文件中的部分内容)：

```
function(printStr str1)
    message(${str1})
endfunction()
printStr("Hello World")
# 输出:
HelloWorld
```

在上述命令中，printStr 为函数名称，str1 为传递给该函数的参数。若需定义多个参数，可依次命名为 str2、str3 等。命令 printStr("Hello World")为函数调用，其中"Hello World"作为参数传递给函数。若涉及多个参数，则需使用双引号将参数括起，CMake 将按顺序依次传递这些参数。

(2) 可变参数

可变参数也可理解为特殊参数或特殊变量。在 CMake 函数的应用中，常用到的三种可变参数分别为 ARGN、ARGC 和 ARGV，其含义分别如下：

- ARGN：当传递给函数的参数数量超出定义时(例如，函数定义了一个参数，但实际调用时传递了两个或更多参数)，用于显示多余的参数。
- ARGC：用于计算传递给函数的所有参数总数。
- ARGV：用于显示传递给函数的全部参数。

以下通过示例展示这三个参数的用法，参考命令如下(CMakeLists.txt 文件中的部分内容)：

```
function(count_args arg1)
    message("其余参数: ${ARGN}")
    message("参数总数: ${ARGC}")
    message("所有参数: ${ARGV}")
endfunction()
count_args(a b c)
# 输出:
```

```
其余参数: b;c
参数总数: 3
所有参数: a;b;c
```

(3) 可选参数

在其他常用编程语言中，定义函数时通常支持可选参数的概念。然而，CMake 本身并未内置可选参数的语法。若需实现类似功能，可结合 if()命令加以实现。以下为参考命令示例(CMakeLists.txt 文件中的部分内容):

```
function(greet name)
    if(name STREQUAL "Lewis")
        message("您好, ${name}!")
    else()
        message("您好,陌生人!")
    endif()
endfunction()
greet("Lewis")
greet("Alice")
# 输出:
您好, Lewis!
您好, 陌生人!
```

3.3.2 函数中的变量作用域与全局变量

CMake 与许多编程语言类似，在函数中定义的变量默认仅在该函数内部生效，此类变量即为局部变量，其作用域局限于函数内部。这一特性在 CMake 中对变量的访问与修改具有重要影响。

若希望函数中定义的变量能在整个 CMake 中生效(即成为全局变量)，则需在调用 set()命令定义该变量时，添加 PARENT_SCOPE 关键字，以将函数内的变量提升为全局变量。以下为参考命令示例(CMakeLists.txt 文件中的部分内容):

```
function(printStr)
    set(str1 "Hello World" PARENT_SCOPE)
endfunction()
set(str1 "Hello CMake")
printStr()
```

```
message(${str1})
# 输出: Hello World
```

在上述命令中，函数 printStr 内通过 set()命令配合 PARENT_SCOPE 关键字，将变量 str1 定义为全局变量并赋值为"Hello World"。然而，在函数外部，我们同样使用 set()命令定义了一个 str1 变量并赋值为"Hello CMake"。随后调用 printStr()函数，最终输出为"Hello World"。

这里涉及命令执行的先后顺序问题。具体而言，先通过 set(str1 "Hello CMake")将 str1 赋值为"Hello CMake"，而后调用 printStr()函数时，str1 被重新赋值为"Hello World"，因此最终输出反映了后者的赋值结果。若将 set(str1 "Hello CMake")置于 printStr()函数调用之后，则最终输出将为"Hello CMake"。这表明变量值的最终结果取决于命令的执行顺序。

函数参数同样具有作用域的概念。在 CMake 中，对函数参数的修改不会影响调用者的变量，除非使用 PARENT_SCOPE 关键字将其作用域提升。为更清晰地理解这一概念，以下为参考命令示例(CMakeLists.txt 文件中的部分内容)：

```
function(modify_param var)
    set(var "Hello World")
    message("${var}")
endfunction()
set(my_var "Hello CMake")
modify_param(${my_var})
message("${my_var}")
# 输出:
Hello World
Hello CMake
```

在上述命令中，首先在函数外部通过 set()命令定义变量 my_var 并赋值为"Hello CMake"，随后将其传递给函数 modify_param()。在函数内部，参数 var 被重新赋值为"Hello World"，并通过 message()命令输出此值。然而，当函数执行完毕后，在函数外部再次输出 my_var 的值时，结果仍为"Hello CMake"。

从输出结果可以看出，尽管函数内部对参数 var 进行了重新赋值，但这一修改仅在函数作用域内有效，未影响外部变量 my_var 的原始值。这表明，在未使用

PARENT_SCOPE 的情况下，传递给函数的变量在函数内部的任何更改都不会反映到调用者的变量上，其外部值保持不变。

3.3.3 函数的返回值

在 CMake 中，函数并无直接的 return 语句，当我们需要获取返回值时，可以通过 set(... PARENT_SCOPE)的形式，间接实现类似返回值的功能。以下为参考命令示例(CMakeLists.txt 文件中的部分内容):

```
function(compute_sum a b)
    math(EXPR sum "${a} + ${b}")
    set(result ${sum} PARENT_SCOPE)
endfunction()
compute_sum(4 6)
message("${result}")
# 输出:
10
```

在上述命令中，函数 compute_sum 接受两个参数 a 和 b。通过 math(EXPR ...)命令计算两者的和，并将结果存储于变量 sum 中。随后，使用 set()命令将 sum 的值赋给变量 result，并通过 PARENT_SCOPE 关键字将其作用域提升至调用者的范围。函数调用 compute_sum(4 6)执行后，在函数外部通过 message()命令输出 result，结果为 10。通过这种方式，函数内部计算的结果仍可传递至外部作用域，从而满足实际需求。

3.3.4 宏的概念和定义

在 CMake 中，同样存在宏(macro)的概念，其与函数(function)最显著的区别在于宏没有作用域的限制。在宏中定义的变量无需使用 PARENT_SCOPE 关键字即可直接在宏的外部访问。然而，在当前的 CMake 使用实践中，推荐优先使用函数而非宏。原因在于函数拥有独立的作用域，能够有效避免变量跨作用域带来的潜在问题。宏的基本语法结构如下所示:

```
macro(<macro_name> [arg1 [arg2 ...]])
    # 宏函数体
endmacro()
```

其中，<macro_name>为宏的名称，用户通过该名称调用宏；[arg1 [arg2 ...]]为可选的参数列表，其形式类似于函数的参数，但宏在参数处理方式上有所不同。宏体内的代码在调用时会被直接插入至调用位置，类似于 C 语言中的宏展开机制。

以下示例展示了宏的简单用法，相关命令如下(CMakeLists.txt 文件中的部分内容):

```
macro(printStr)
    set(str1 "Hello World")
endmacro()
printStr()
message(${str1})
# 输出:
Hello World
```

3.4 本章小结

本章详细介绍了 CMake 的常用语法，旨在帮助读者掌握其核心功能并应用于项目构建中。主要内容包括以下几个方面:

首先，条件判断语法，如 if()、elseif()、else()，提供了逻辑控制能力，使构建过程能够根据变量值或环境条件动态调整行为。其次，循环结构，如 foreach()和 while()，支持对列表或范围的迭代处理，适用于批量操作或重复任务的场景。此外，通过 function()和 macro()定义的函数和宏的使用增强了代码的模块化与复用性，便于封装复杂逻辑。

通过学习这些语法，读者能够灵活应对 CMake 项目中的常见需求，从简单的条件控制到模块化处理，构建高效且可维护的构建系统。本章为后续深入探索 CMake 高级功能奠定了坚实基础。

第 4 章

CMake 字符串和文件处理

在 CMake 项目开发中，字符串处理和文件处理是构建脚本中不可或缺的部分，用于动态管理配置、生成内容以及操作文件系统。CMake 提供了强大的 string()和 file()命令，分别用于处理字符串操作和文件系统交互。本节将重点介绍 string()命令的字符串查找、替换、转换等功能，以及 file()命令的文件读写、路径处理和目录操作等功能。通过掌握这些命令，开发者能够高效地处理文本数据和文件相关任务，提升构建过程的灵活性和自动化程度。

4.1 字符串处理

string()命令在 CMake 脚本中具有广泛的应用场景，能够高效处理字符串相关的任务，为项目配置和构建提供灵活支持。其主要应用包括：动态生成文件路径或目标名称，通过拼接和提取操作构造符合项目需求的路径；规范化用户输入，利用大小写转换或空白去除确保输入一致性；管理版本号，借助正则表达式或子字符串提取解析版本信息；实现条件逻辑，通过字符串比较和查找支持动态脚本决策；生成配置元数据，使用时间戳或标识符转换创建文件或目标的元信息；调试脚本，通过长度检查或内容验证辅助开发。

其语法格式如下(详细参数说明见附录 1)：

```
string(<subcommand> [options] <input> <output_variable>)
```

其中，<subcommand>指定操作类型，如 TOUPPER、FIND、REPLACE 等；

[options]用于子命令特定的可选参数，如大小写敏感或正则表达式标志；<input>是输入字符串或需要处理的数据；<output_variable>存储操作结果的变量名称(部分子命令无输出变量)。

string()命令支持多种子命令，以下分别介绍字符串转换、字符串查找与提取、字符串替换、字符串拼接与分割、字符串比较等。

4.1.1 字符串转换

①子命令 TOUPPER：将字符串转换为全大写。

语法格式：

```
string(TOUPPER <input> <output_variable>)
```

参考示例：

```
string(TOUPPER "hello" result)
message("${result}")
# 输出：HELLO
```

从上述命令的输出中可以看出，将 hello 转换为 HELLO。

②子命令 TOLOWER：将字符串转换为全小写。

语法格式：

```
string(TOLOWER <input> <output_variable>)
```

参考示例：

```
string(TOLOWER "WORLD" result)
message("${result}")
# 输出：world
```

从上述命令的输出中可以看出，将 WORLD 转换为 world。

③子命令 ASCII：将 ASCII 码转换为对应字符。

语法格式：

```
string(ASCII <number> <output_variable>)
```

参考示例：

```
string(ASCII 65 result)
```

```
message("${result}")
# 输出: A
```

从上述命令的输出中可以看出，将 ASCII 码 65 转换为大写字母 A。

4.1.2 字符串查找与提取

①关键字 FIND：查找子字符串在字符串中的位置(索引)。

语法格式：

```
string(FIND <string> <substring> <output_variable> [REVERSE])
```

返回子字符串首次出现的位置(从 0 开始)，未找到返回-1。可选项 REVERSE 表示从字符串末尾开始查找。

参考示例：

```
string(FIND "hello world" "world" result)
message("${result}")
# 输出: 6
```

从上述命令的输出中可以看出，world 的起始位置是 6。

②关键字 SUBSTRING：提取字符串的子串。

语法格式：

```
string(SUBSTRING <string> <begin> <length> <output_variable>)
```

其中，<begin>为起始位置，<length>为提取长度(-1 表示到字符串末尾)。

参考示例：

```
string(SUBSTRING "hello world" 6 -1 result)
message("${result}")
# 输出: world
```

上述命令中的 6 表示从第 7 个字符开始到字符串末尾，所以输出 world。

4.1.3 字符串替换

①关键字 REPLACE：替换字符串中的匹配内容。

语法格式：

```
string(REPLACE <match_string> <replace_string> <output_variable> <input>...)
```

其中，<input>表示原始字符串，<match_string>表示原始字符串中的内容，而<replace_string>则表示要替换的内容，最后<output_variable>表示输出变量。

参考示例：

```
string(REPLACE "hello" "hi" result "hello world")
message("${result}")
# 输出: hi world
```

上述命令中原始字符串是 hello world，将 hello 替换成了 hi。

②关键字 REGEX REPLACE：使用正则表达式进行替换。

语法格式：

```
string(REGEX REPLACE <regular_expression> <replace_expression>
<output_variable> <input>...)
```

使用正则表达式<regular_expression>匹配<input>中的内容，<replace_expression>则为替换的内容，<output_variable>表示输出变量。

参考示例：

```
string(REGEX REPLACE "[0-9]+" "NUM" result "test123case")
message("${result}")
# 输出: testNUMcase
```

上述命令中，使用正则表达式[0-9]+匹配连续的数字，并替换成字符串 NUM，最后输出 testNUMcase。

4.1.4 字符串拼接与分割

①关键字 CONCAT：拼接多个字符串。

语法格式：

```
string(CONCAT <output_variable> <input>...)
```

参考示例：

```
string(CONCAT result "hello" " " "world")
message("${result}")
# 输出: hello world
```

上述命令将 hello、空格、world 拼接成了 hello world。

②关键字 JOIN：将字符串列表拼接为一个字符串，使用指定分隔符。

语法格式：

```
string(JOIN <glue> <output_variable> <input>...)
```

其中<glue>表示指定分隔符。

参考示例：

```
string(JOIN "," result "a" "b" "c")
message("${result}") # 输出：a,b,c
```

上述命令拼接字符串 a、b、c 时，使用逗号进行分隔。

4.1.5 字符串比较

关键字 COMPARE：比较两个字符串(是否相等、字典序顺序)。

语法格式：

```
string(COMPARE <op> <string1> <string2> <output_variable>)
```

其中<op>可为 EQUAL、NOTEQUAL、LESS、GREATER、LESS_EQUAL、GREATER_EQUAL。

参考示例：

```
string(COMPARE EQUAL "Abc" "abc" result)
message("${result}")
# 输出：FALSE
```

上述命令比较两个字符串是否相等。可见 COMPARE 是可以区分大小写的。

4.1.6 字符串的其他处理方式

①关键字 LENGTH：返回字符串长度。

语法格式：

```
string(LENGTH <string> <output_variable>)
```

参考示例：

```
string(LENGTH "hello" result)
```

```
message("${result}")
# 输出: 5
```

上述命令返回 hello 的长度是 5。

②关键字 STRIP：去除字符串首尾的空白字符。

语法格式：

```
string(STRIP <string> <output_variable>)
```

参考示例：

```
string(STRIP "  hello  " result)
message("${result}")
# 输出: hello
```

上述命令去掉了 hello 的首尾空白字符。

③关键字 TIMESTAMP：用于生成当前时间的字符串，支持自定义格式化输出。通常用于记录构建时间、生成带时间戳的文件名或日志信息。

语法格式：

```
string(TIMESTAMP <output_variable> [<format_string>] [UTC])
```

参考示例：

```
string(TIMESTAMP result "%Y-%m-%d")
message("${result}")
# 输出: 2025-04-18
```

上述命令格式化输出了当前的日期。

4.2 文件处理

在 CMake 中，文件处理是一项核心功能，广泛应用于管理源文件、配置文件、生成文件以及安装文件等操作。CMake 提供了一系列功能强大的命令和机制，以支持文件的多种操作，包括但不限于查找文件、读取文件内容、写入文件、复制文件以及删除文件等。这些工具为开发者提供了灵活而高效的方式来处理项目中的文件需求。

本节将重点介绍 CMake 中文件处理的三方面内容：常规文件处理方式、文件路径处理方式以及配置文件处理方式。

- 常规文件处理方式：CMake 提供了多种命令用于执行基本的文件操作。例如，file()命令是文件处理的核心工具，支持查找文件(如使用通配符匹配)、读取文件内容到变量中、写入或追加内容到指定文件、复制文件至目标路径以及删除指定文件等操作。这些功能使得开发者能够高效地管理项目中的文件资源，满足构建过程中的多样化需求。
- 文件路径处理方式：在文件处理中，路径的正确管理至关重要。CMake 通过内置变量和命令提供了对文件路径的处理支持。例如，变量如 CMAKE_SOURCE_DIR 和 CMAKE_BINARY_DIR 分别表示源代码目录和构建目录的路径。此外，get_filename_component()命令可用于解析文件路径的组成部分(如提取目录、文件名或扩展名)，而 cmake_path()(在新版本中引入)则进一步增强了路径操作的灵活性。这些机制确保了跨平台开发中路径处理的准确性和一致性。
- 配置文件处理方式：配置文件的生成与处理是 CMake 的另一重要特性。通过 configure_file()命令，CMake 可以将带有变量占位符的模板文件转换为具体内容的文件，这一过程常用于生成自定义头文件或脚本文件。开发者可在模板中使用${VARIABLE}语法引用 CMake 变量，命令执行后，变量会被替换为实际值并输出到目标文件中。这种方式在需要动态生成配置文件时尤为实用，极大地提升了项目的可配置性与可维护性。

4.2.1 常规文件处理方式

在 CMake 中，file()命令是一项功能多样且内置的核心命令，专用于执行各类文件操作。作为 CMake 脚本中处理文件的基础工具，file()命令支持文件查找、读写、复制、删除以及目录创建等多种功能，在项目配置与构建过程中扮演着至关重要的角色。其基本语法格式如下：

```
file(<subcommand> <args>...)
```

其中，<subcommand>用于指定所需执行的具体操作，例如复制、删除或重命名等；<args>则根据所选子命令的不同而有所变化，通常包括文件名、路径或匹配模式等。为进一步阐明其用法，以下将对子命令及其参数进行详尽介绍，分别涵盖文件读写、文件查找、文件操作、文件属性以及文件路径转换等内容。

4.2.1.1 文件读写

(1) 文件读取

在 CMake 中，文件读取操作主要依赖两个常用子命令：READ 和 STRINGS。其中，READ 子命令用于将文件的全部内容读取到指定变量，而 STRINGS 子命令则专注于读取文件中可打印的字符串并存储至变量。

以下是对 READ 子命令的语法结构、参数说明及配置示例的详细阐述。

READ 子命令语法结构：

```
file(READ <filename> <variable> [OFFSET <offset>] [LIMIT <max-in>] [HEX])
```

<filename>：指定待读取文件的路径。

<variable>：用于存储读取内容的变量名称。

OFFSET <offset>：可选参数，指示从文件的指定偏移量开始读取。

LIMIT <max-in>：可选参数，限制读取的最大字节数。

HEX：可选参数，指示以十六进制格式存储读取内容。

配置举例：

以下为 CMakeLists.txt 文件中的部分内容，展示如何使用 READ 子命令将 main.cpp 文件的内容读取至变量 mainFile，并通过 message()命令输出结果：

```
file(READ ${CMAKE_CURRENT_SOURCE_DIR}/main.cpp mainFile)
message(${mainFile})
# 输出:
#include <iostream>
int main()
{
    std::cout << "Hello World\n"
}
```

上述示例中，READ 子命令成功读取了 main.cpp 的完整内容并存储至 mainFile 变量，随后通过 message()命令将内容输出。读者可根据需要自行尝试其他可选参数以满足特定需求。

以下是对 STRINGS 子命令的语法结构、参数说明及配置示例的详细阐述。

STRINGS 子命令语法结构：

```
file(STRINGS <filename> <variable> [OPTIONS...]
```

<filename>：指定待读取文件的路径。

<variable>：存储读取内容的变量名称。

[OPTIONS...]：

- LIMIT_COUNT <num>：限制最多读取<num>行。
- LIMIT_INPUT <num_bytes>：限制最多读取<num_bytes>字节。
- LENGTH_MIN <num>：忽略长度小于<num>的行。
- LENGTH_MAX <num>：忽略长度大于<num>的行。
- NEWLINE_CONSUME：去掉换行符。
- REGEX <pattern>：仅读取符合<pattern>正则表达式的行。

配置举例：

以下为 CMakeLists.txt 文件中的部分内容，展示如何使用 STRINGS 子命令将 main.cpp 文件的内容读取至变量 mainFile，并通过 message()命令输出结果：

```
file(READ ${CMAKE_CURRENT_SOURCE_DIR}/main.cpp mainFile)
message(${mainFile})
# 输出：
#include <iostream>int main(){    std::cout << "Hello World\n"; }
```

通过上述示例可知，尽管 READ 和 STRINGS 子命令均可读取 main.cpp 文件的内容，但二者在输出结果上存在显著差异：

- READ 子命令完整读取文件内容，包括换行符和格式，保留原始文本结构。
- STRINGS 子命令则以字符串列表形式读取可打印内容，默认忽略换行符并将结果合并为单行输出。

读者可根据实际需求灵活选用子命令，并尝试调整[OPTIONS...]参数以实现更精确的读取控制。

(2) 文件写入

在 CMake 中，文件写入操作主要通过两个常用子命令实现：WRITE 和 APPEND。其中，WRITE 子命令将内容写入文件时会覆盖原有内容，而 APPEND 子命令则将内容追加至文件末尾。

以下是对 WRITE 子命令的语法结构、参数说明及配置示例的详细阐述。

WRITE 子命令语法结构：

```
file(WRITE <filename> <content>...)
```

<filename>：指定待写入文件的路径。

<content>：指定写入文件的内容。

配置举例：

以下为 CMakeLists.txt 文件中的部分内容，展示如何使用 WRITE 子命令将字符串"Hello, World"写入 README 文件：

```
file(WRITE "${CMAKE_CURRENT_SOURCE_DIR}/README" "Hello, World")
#执行后，README 文件将被创建或覆盖，其内容为：
Hello, World
```

以下是对 APPEND 子命令的语法结构、参数说明及配置示例的详细阐述。

APPEND 子命令语法结构：

```
file(APPEND <filename> <content>...)
```

<filename>：指定待追加内容的文件的路径。

<content>：指定追加至文件末尾的内容。

配置举例：

以下为 CMakeLists.txt 文件中的部分内容，展示如何使用 APPEND 子命令将字符串"\nHello, CMake"追加至 README 文件，并在追加前插入换行符：

```
file(APPEND "${CMAKE_CURRENT_SOURCE_DIR}/README" "\nHello, CMake")
#若此前 README 文件内容为"Hello, World"，执行后文件内容将变为：
Hello, World
Hello, CMake
```

可见，WRITE 适用于需要全新写入或覆盖文件内容的场景；APPEND 适用于在已有文件基础上追加内容的场景。

4.2.1.2 文件查找

在 CMake 中，文件查找操作主要通过两个常用子命令实现：GLOB 和 GLOB_RECURSE。其中，GLOB 子命令用于在指定路径下查找文件，而

GLOB_RECURSE 子命令则在指定路径下进行递归查找。两者均支持使用通配符进行模式匹配。若未指定查找路径，默认以当前 CMakeLists.txt 文件所在目录作为起点。查找结果将由 file()命令存储至列表形式的变量中。

以下是对 GLOB 子命令的语法结构、参数说明及配置示例的详细阐述。

GLOB 子命令语法结构：

```
file(GLOB variable [OPTIONS] <glob_expr>...)
```

variable：用于存储匹配文件路径的变量，结果以列表形式保存。

glob_expr：文件匹配模式，支持通配符，例如*(匹配任意字符序列)、?(匹配单个字符)以及[...](匹配指定字符范围)。

[OPTIONS]:

- LIST_DIRECTORIES：布尔值，指定是否将目录包含在结果中。
- RELATIVE <base>：返回相对路径(相对于<base>目录)

配置举例：

以下为 CMakeLists.txt 文件中的部分内容，展示如何在/usr/include/目录下查找以.h 结尾的头文件，并将结果存储至变量 files，随后通过 message()命令输出：

```
file(GLOB files "/usr/include/*.h")
message("${files}")
# 输出:
/usr/include/FlexLexer.h;/usr/include/a.out.h;(省略部分输出)
```

上述命令中，GLOB 子命令返回匹配文件的所有绝对路径，结果以分号分隔的列表形式存储于 files 变量中。如果想要输出相对路径则可以使用 RELATIVE 关键字。参考命令如下。

以下 CMakeLists.txt 文件中的部分内容：

```
file(GLOB files RELATIVE "/usr/include" "/usr/include/*.h")
# 输出(省略部分输出):
FlexLexer.h;a.out.h;
```

上述命令中，RELATIVE 选项指定了基准目录/usr/include，因此输出结果为相对于该目录的相对路径，同样以分号分隔的列表形式呈现。

以下是对 GLOB_RECURSE 子命令的语法结构、参数说明及配置示例的详细阐述。

GLOB_RECURSE 子命令语法结构：

```
file(GLOB_RECURSE variable [OPTIONS] <glob_expr>...)
```

variable：用于存储匹配文件路径的变量，结果以列表形式保存。

glob_expr：文件匹配模式，支持通配符，例如*、 ?或[...]。

[OPTIONS]:

- FOLLOW_SYMLINKS：布尔值，指定是否遍历符号链接指向的目录。
- RELATIVE <base>：返回相对路径(相对于<base>目录)

配置举例：

以下为 CMakeLists.txt 文件中的部分内容，展示如何使用 GLOB_RECURSE 子命令在/usr/include/目录及其所有子目录下递归查找以.h 结尾的头文件，并将结果存储至变量 files，随后通过 message()命令输出：

```
file(GLOB_RECURSE files "/usr/include/*.h")
message("${files}")
# 输出 略
```

上述命令中，GLOB_RECURSE 子命令不仅查找/usr/include/目录下的.h 文件，还递归遍历其所有子目录，返回所有匹配文件的绝对路径，结果以分号分隔的列表形式存储于 files 变量。

GLOB_RECURSE 子命令能够高效地递归收集指定模式的文件路径，适用于需要全面扫描目录树的项目需求。读者可根据实际情况调整选项或匹配模式以优化查找结果。

4.2.1.3 文件操作

以下主要向读者介绍如何使用 file()命令实现文件的复制、移动/重命名、删除以及目录的创建等操作，并提供相应的语法格式及简要说明。

(1) 复制文件

以下为对 file()命令中 COPY 子命令的语法结构、参数说明及配置示例的详细阐述。

COPY 子命令语法结构：

```
file(COPY <source> DESTINATION <destination>)
```

<source>：源文件或目录的路径，可以是单个文件或整个目录。

DESTINATION <destination>：目标路径，指定复制到的位置。若目标目录不存在，CMake 会自动创建。

配置举例(复制单个文件)：

以下为 CMakeLists.txt 文件中的部分内容，展示如何将 main.cpp 文件复制到/backup 目录下。

```
file(COPY "${CMAKE_CURRENT_SOURCE_DIR}/main.cpp" DESTINATION "/backup")
```

执行后，main.cpp 将被复制至/backup 目录，生成/backup/main.cpp。

配置举例(复制整个目录)：

以下为 CMakeLists.txt 文件中的部分内容，展示如何将 src 目录及其内容复制到/backup 目录下。

```
file(COPY "${CMAKE_CURRENT_SOURCE_DIR}/src/" DESTINATION "/backup")
```

执行后，src 目录下的所有文件和子目录将被复制至/backup，形成类似/backup/src/的结构。

在使用 COPY 进行复制文件时，若<source>为目录，需以斜杠/结尾(如 src/)，以明确复制目录内容而非目录本身。DESTINATION 指定的目标路径若不存在，CMake 会自动创建相关目录。路径中推荐使用${CMAKE_CURRENT_SOURCE_DIR}等变量，以确保跨平台兼容性。

(2) 移动/重命名

以下为对 file()命令中 RENAME 子命令的语法结构、参数说明及配置示例的详细阐述。

RENAME 子命令语法结构：

```
file(RENAME <old_filename> <new_filename>)
```

<old_filename>：原文件路径，指定待移动或重命名的文件。

<new_filename>：新文件路径，可用于重命名文件或将其移动至新位置。

配置举例(重命名文件)：

以下为 CMakeLists.txt 文件中的部分内容，展示如何将 main.cpp 重命名为 HelloWorld.cpp：

```
file(RENAME
    "${CMAKE_CURRENT_SOURCE_DIR}/main.cpp"
    "${CMAKE_CURRENT_SOURCE_DIR}/HelloWorld.cpp")
```

执行后，当前目录下的 main.cpp 将被重命名为 HelloWorld.cpp，文件位置保持不变。

配置举例(移动文件)：

以下为 CMakeLists.txt 文件中的部分内容，展示如何将 main.cpp 移动至 /backup 目录下：

```
file(RENAME "${CMAKE_CURRENT_SOURCE_DIR}/main.cpp" "/backup")
```

执行后，main.cpp 将被移动至/backup 目录，形成/backup/main.cpp。若/backup 目录不存在，需提前创建，否则命令将失败。

在移动或重名文件时，有以下三点需要注意：

- 重命名与移动的区别：若<new_filename>仅更改文件名而路径不变，则为重命名；若路径发生变化，则为移动。
- 路径要求：目标路径的父目录必须存在，RENAME 不会自动创建目录。
- 覆盖行为：若<new_filename>已存在文件，RENAME 将覆盖目标文件而不予警告。

通过上述示例说明，RENAME 子命令能够灵活实现文件的重命名或移动操作，适用于调整项目文件结构或整理资源等场景。读者可根据需要调整路径以满足特定需求。

(3) 删除

以下为对 file()命令中 REMOVE 子命令的语法结构、参数说明及配置示例的详细阐述。

REMOVE 子命令语法结构：

```
file(REMOVE <file1> [<file2> ...])
```

<file1> [<file2> ...]：一个或多个待删除的文件路径，支持同时指定多个文件。

配置举例：

以下为 CMakeLists.txt 文件中的部分内容，展示如何使用 REMOVE 子命令删除 main.cpp 文件：

```
file(REMOVE "${CMAKE_CURRENT_SOURCE_DIR}/main.cpp")
```

执行后，位于${CMAKE_CURRENT_SOURCE_DIR}目录下的 main.cpp 文件将被删除。

需要注意的是，若指定路径的文件不存在，REMOVE 命令不会报错，仅静默跳过。需确保路径正确，推荐使用${CMAKE_CURRENT_SOURCE_DIR}等变量以提高可移植性。REMOVE 子命令仅用于删除文件，若需删除目录，可使用 REMOVE_RECURSE 子命令。

(4) 递归删除目录

以下为对 file()命令中 REMOVE_RECURSE 子命令的语法结构、参数说明及配置示例的详细阐述。

REMOVE_RECURSE 子命令语法结构：

```
file(REMOVE_RECURSE <dir1> [<dir2> ...])
```

<dir1> [<dir2> ...]：一个或多个待删除的目录路径，该命令将递归删除指定目录及其所有内容(包括子目录和文件)。

配置举例：

以下为 CMakeLists.txt 文件中的部分内容，展示如何使用 REMOVE_RECURSE 子命令递归删除 src 目录及其内容：

```
file(REMOVE_RECURSE "${CMAKE_CURRENT_SOURCE_DIR}/src/")
```

执行后，位于${CMAKE_CURRENT_SOURCE_DIR}下的 src 目录及其内部的所，文件和子目录将被彻底删除。

(5) 创建目录

以下为对 file()命令中 MAKE_DIRECTORY 子命令的语法结构、参数说明及配置示例的详细阐述。

MAKE_DIRECTORY 子命令语法结构：

```
file(MAKE_DIRECTORY <dir1> [<dir2>...])
```

<dir1> [<dir2> ...]：一个或多个待创建的目录路径。若指定目录已存在，则命令不会执行任何操作或报错。

配置举例：

以下为CMakeLists.txt文件中的部分内容，展示如何使用MAKE_DIRECTORY子命令进行目录的创建：

```
file(MAKE_DIRECTORY "${CMAKE_CURRENT_SOURCE_DIR}/src")
```

执行后，若${CMAKE_CURRENT_SOURCE_DIR}/src 目录不存在，则会在${CMAKE_CURRENT_SOURCE_DIR}下创建名为src的目录；若已存在，则保持不变。

MAKE_DIRECTORY具有幂等性，即重复执行不会引发错误或更改现有目录。支持同时创建多个目录，例如file(MAKE_DIRECTORY "dir1" "dir2")。指定的目录路径的父目录必须存在，MAKE_DIRECTORY 不会自动创建多级目录。若需创建嵌套目录，可多次调用。

4.2.1.4 文件属性

本小节主要介绍如何使用file()命令获取文件的修改时间、文件大小以及设置文件权限等功能。以下为相关语法格式及参数说明。

(1) 获取文件修改时间

语法格式：

```
file(TIMESTAMP <filename> <variable> [<format>] [UTC])
```

<filename>：目标文件的路径及名称。

<variable>：用于存储返回结果的变量名。

[<format>](可选)：自定义时间输出格式，例如"%Y-%m-%d %H:%M:%S"，表示返回“年-月-日 时:分:秒”格式的时间。

[UTC](可选)：若指定此参数，则返回协调世界时(UTC)格式的时间；若未指定，默认返回本地时间。

配置举例：

以下为CMakeLists.txt文件中的部分内容，展示如何通过TIMESTAMP子命令获取文件时间戳并进行格式化输出：

```
file(TIMESTAMP "${CMAKE_CURRENT_SOURCE_DIR}/main.cpp" fileTime "%Y-%m-%d %H:%M:%S" )
message(${fileTime})
# 输出：
2025-03-04 17:18:21
```

在上述示例中，file()命令的 TIMESTAMP 子命令用于提取指定文件(此处为 main.cpp)的时间戳信息，并将其存储于变量 fileTime 中。通过指定可选参数 "%Y-%m-%d %H:%M:%S"，用户可手动调整时间戳的输出格式为“年-月-日 时:分:秒”。随后，message()命令将格式化后的时间戳输出至控制台。

(2) 获取文件大小

语法格式：

```
file(SIZE <filename> <variable>)
```

<filename>：目标文件的路径及名称。

<variable>：用于存储文件大小的变量名(以字节为单位)。

配置举例：

以下为 CMakeLists.txt 文件中的部分内容，展示如何通过 SIZE 子命令获取指定文件的大小：

```
file(SIZE "${CMAKE_CURRENT_SOURCE_DIR}/main.cpp" fileSize)
message(${fileSize})
# 输出
70
```

在上述示例中，file()命令的 SIZE 子命令用于获取指定文件(此处为 main.cpp)的大小，并将结果存储于变量 fileSize 中。随后，message 命令将该变量的值输出至控制台，以展示文件的大小信息。用户可根据实际需求调整文件路径或变量名称。

(3) 设置文件权限

语法格式：

```
file(CHMOD <filename> PERMISSIONS <permissions>...)
```

<filename>：目标文件的路径及名称。

PERMISSIONS <permissions>：用于指定文件权限的关键字，可组合使用。具体关键字及其含义见表 4-1。

表 4-1

关键字	含义
OWNER_READ	所有者可读
OWNER_WRITE	所有者可写
OWNER_EXECUTE	所有者可执行
GROUP_READ	组成员可读
GROUP_WRITE	组成员可写
GROUP_EXECUTE	组成员可执行
WORLD_READ	其他人可读
WORLD_WRITE	其他人可写
WORLD_EXECUTE	其他人可执行

配置举例：

以下为 CMakeLists.txt 文件中的部分内容，展示如何通过 CHMOD 子命令修改指定文件的权限属性：

```
    file(CHMOD "${CMAKE_CURRENT_SOURCE_DIR}/main.cpp" PERMISSIONS OWNER_READ
OWNER_WRITE OWNER_EXECUTE)
```

在上述示例中，file()命令的 CHMOD 子命令用于修改指定文件(此处为 main.cpp)的权限属性。通过 PERMISSIONS 参数，文件的权限被设置为所有者(Owner)具有可读(OWNER_READ)、可写(OWNER_WRITE)和可执行(OWNER_EXECUTE)的权限。此命令执行后，main.cpp 的文件属性将更新为上述指定状态。读者可根据需要调整权限设置或目标文件路径。

(4) 路径转换

在 CMake 中，路径转换功能通过 file()命令的三个子命令实现，分别为 RELATIVE_PATH、TO_CMAKE_PATH 和 TO_NATIVE_PATH。以下为各子命令的说明及其语法格式。

- RELATIVE_PATH：用于计算相对于指定目录的目标文件的相对路径。

语法格式：

```
file(RELATIVE_PATH <variable> <directory> <file>)
```

<variable>：用于存储计算得到的相对路径的变量名。

<directory>：参考目录的路径，作为计算相对路径的基准。

<file>：目标文件的路径。

配置举例：

以下为 CMakeLists.txt 文件中的部分内容，展示如何通过 RELATIVE_PATH 子命令计算指定文件的相对路径：

```
file(RELATIVE_PATH rel_path "/opt" "/opt/CMakeLearn/main.cpp")
message("${rel_path}")
# 输出:
CMakeLearn/main.cpp
```

在上述示例中，file()命令的 RELATIVE_PATH 子命令用于计算从基准路径(此处为/opt)到目标文件(此处为/opt/CMakeLearn/main.cpp)的相对路径，并将结果存储于变量 rel_path 中。随后，message()命令将该相对路径输出至控制台，显示为 CMakeLearn/main.cpp。

需要注意的是，本示例采用硬编码路径而非变量形式，旨在帮助读者更直观地理解 RELATIVE_PATH 的功能与计算逻辑。用户在实际应用中可根据需求使用变量替代硬路径，以提升代码的灵活性。

- TO_CMAKE_PATH：将输入路径转换为 CMake 风格的路径格式(使用正斜杠/作为分隔符)。

语法格式：

```
file(TO_CMAKE_PATH <path> <variable>)
```

<path>：待转换的原始路径。

<variable>：用于存储转换后 CMake 风格路径的变量名。

配置举例：

以下为 CMakeLists.txt 文件中的部分内容，展示如何通过 TO_CMAKE_PATH 子命令将指定路径转换为 CMake 风格的路径格式：

```
file(TO_CMAKE_PATH "${CMAKE_CURRENT_SOURCE_DIR}/main.cpp" cmake_path)
message("${cmake_path}")
# 输出:
/opt/CMakeLearn/main.cpp
```

在上述示例中，file()命令的 TO_CMAKE_PATH 子命令用于将输入路径(此处为${CMAKE_CURRENT_SOURCE_DIR}/main.cpp)转换为 CMake 所识别的路径格式，并将结果存储于变量 cmake_path 中。随后，message()命令将转换后的路径输出至控制台，显示为/opt/CMakeLearn/main.cpp。

此命令的主要功能是确保路径分隔符符合 CMake 的跨平台规范(例如，将 Windows 风格的反斜杠\转换为正斜杠/)，从而提升代码的可移植性。

- TO_NATIVE_PATH: 将输入路径转换为当前操作系统本地风格的路径格式(例如，Windows 使用反斜杠\，Linux 使用正斜杠/)。

语法格式：

```
file(TO_NATIVE_PATH <path> <variable>)
```

<path>：待转换的原始路径。

<variable>：用于存储转换后本地风格路径的变量名。

配置举例：

以下为 CMakeLists.txt 文件中的部分内容，展示如何通过 TO NATIVE PATH 子命令将指定路径转换为本地操作系统的路径格式：

```
file(TO_NATIVE_PATH "${CMAKE_CURRENT_SOURCE_DIR}/main.cpp" cmake_path)
message("${cmake_path}")
# 输出:
/opt/CMakeLearn/main.cpp
```

在上述示例中，file()命令的 TO_NATIVE_PATH 子命令用于将输入路径(此处为${CMAKE_CURRENT_SOURCE_DIR}/main.cpp)转换为本地系统的路径风格，并将结果存储于变量 cmake_path 中。随后，message()命令将转换后的路径输出至控制台。

本示例在 Linux 环境下执行，因此输出结果为/opt/CMakeLearn/main.cpp，采用正斜杠/作为路径分隔符。若在 Windows 环境下执行，则输出将调整为 Windows

风格的路径(例如，使用反斜杠\分隔，如 C:\opt\CMakeLearn\main.cpp)。

需要注意的是，CMake 内部默认使用正斜杠/作为跨平台路径分隔符，即使在 Windows 系统上也是如此。而 TO_NATIVE_PATH 的作用在于将路径显式转换为目标系统的本地格式，以适配特定平台。

4.2.2 文件路径处理方式

file()命令在处理文件路径时功能较为有限。为此，CMake 提供了两种更强大的路径处理工具：get_filename_component()命令和 cmake_path()命令。以下分别介绍这两种命令的特点与用法。

(1) cmake_path()命令

cmake_path()是 CMake 3.20 版本引入的现代路径处理工具，旨在提供一致、强大且跨平台的路径操作方式。它取代了部分传统命令(如 get_filename_component())的功能，并以更直观、灵活的接口提升了路径处理的便利性。作为更现代的选择，推荐在新项目中优先使用 cmake_path()。

(2) get_filename_component()命令

对于需要兼容旧版本 CMake 的项目，get_filename_component()仍是可靠的选择，尽管其功能相对传统且灵活性稍逊于 cmake_path()。

4.2.2.1 get_filename_component()命令详解

语法格式：

```
get_filename_component(<variable> <fileName> <mode> [CACHE])
```

详细参数见附录 1，以下列出常用的<mode>参数支持的关键字。

DIRECTORY 或 PATH：提取路径的目录部分(不包括文件名)。

NAME：提取文件名(包括扩展名)。

EXT：提取文件扩展名(包括 .)。

NAME_WE：提取文件名(不包括扩展名)。若文件名包含多个点，仅提取最后一个点之前的内容。

LAST_EXT：提取最后一个扩展名(包括 .)。若文件名包含多个点，仅提取最后一个点之后的扩展名。

ABSOLUTE：将路径转换为绝对路径，通常基于当前工作目录(${CMAKE_CURRENT_SOURCE_DIR})进行转换。

REALPATH：将路径解析为真实路径(用于软链接或快捷方式)

PROGRAM：从路径中提取程序的可执行文件路径。

PROGRAM_ARGS：提取可执行文件后的参数，可与 PROGRAM 配合使用。

ABSOLUTE BASE_DIR <dir>：基于指定的基准目录(<dir>)计算相对路径的绝对路径。

配置举例(DIRECTORY 关键字)：

以下为 CMakeLists.txt 文件中的部分内容，展示使用 DIRECTORY 关键字提取路径的目录部分：

```
get_filename_component(dir "${CMAKE_CURRENT_SOURCE_DIR}/main.cpp" DIRECTORY)
message("${dir}")
# 输出：
/opt/CMakeLearn
```

在上述示例中，get_filename_component()命令通过 DIRECTORY 关键字，从指定路径(此处为${CMAKE_CURRENT_SOURCE_DIR}/main.cpp)中提取目录部分，并将结果存储十变量 dir 中。随后，message()命令将该变量的值输出至控制台，显示为/opt/CMakeLearn。

此命令的作用是从完整路径中移除文件名及其扩展名，仅保留目录路径，适用于需要单独处理目录信息的场景。

配置举例(ABSOLUTE 关键字)：

以下为 CMakeLists.txt 文件中的部分内容，展示如何通过 get_filename_component()命令的 ABSOLUTE 关键字获取指定文件的绝对路径：

```
get_filename_component(dir "main.cpp" ABSOLUTE)
message("${dir}")
# 输出：
/opt/CMakeLearn/main.cpp
```

在上述示例中，get_filename_component()命令使用 ABSOLUTE 关键字，将输入路径(此处为相对路径 main.cpp)转换为绝对路径，并将结果存储于变量 dir 中。随后，message()命令将该绝对路径输出至控制台，显示为/opt/CMakeLearn/

main.cpp。

ABSOLUTE 关键字的作用是基于当前工作目录(通常为${CMAKE_CURRENT_SOURCE_DIR})解析文件的完整路径。若输入路径已是绝对路径，则直接返回该路径。此功能适用于需要确保路径完整性或跨平台一致性的场景。

配置举例(PROGRAM 和 PROGRAM_ARGS):

以下为 CMakeLists.txt 文件中的部分内容，展示如何通过 get_filename_component()命令的 PROGRAM 和 PROGRAM_ARGS 关键字提取可执行文件路径及其后续参数:

```
get_filename_component(prog "python3 script.py" PROGRAM PROGRAM_ARGS args)
message("程序: ${prog}")
message("参数: ${args}")
# 输出:
程序: python3
参数: script.py
```

在上述示例中，get_filename_component()命令使用 PROGRAM 关键字从输入字符串(此处为"python3 script.py")中提取可执行文件路径，并将结果存储于变量 prog 中。同时，通过 PROGRAM_ARGS 关键字提取可执行文件后的参数部分，并存储于变量 args 中。随后，message()命令分别输出这两个变量的值，显示为：可执行文件：python3。参数：script.py。

此功能适用于需要分离命令行中程序路径与参数的场景，例如解析脚本执行命令或构建工具调用。

配置举例(ABSOLUTE BASE_DIR):

以下为 CMakeLists.txt 文件中的部分内容，展示如何通过 get_filename_component()命令的 ABSOLUTE BASE_DIR <dir>参数指定基准目录，计算相对路径的绝对路径:

```
get_filename_component(path "main.cpp" ABSOLUTE BASE_DIR "/opt/CMakeLearn")
message("${path}")
# 输出:
/opt/CMakeLearn/main.cpp
```

在上述示例中，get_filename_component()命令使用 ABSOLUTE BASE_DIR 关

键字，将相对路径(此处为"main.cpp")转换为绝对路径。ABSOLUTE BASE_DIR 指定了基准目录为/opt/CMakeLearn，命令基于此目录解析输入路径，并将结果存储于变量 path 中。随后，message()命令输出该绝对路径，显示为/opt/CMakeLearn/main.cpp。

此功能允许用户显式指定基准目录，而非依赖默认的当前工作目录(${CMAKE_CURRENT_SOURCE_DIR})，适用于需要精确控制路径解析的场景。

除前文列举的示例外，get_filename_component()命令支持的其他<mode>关键字(如 NAME、EXT 等)的用法，读者可自行尝试以深入理解其功能。值得特别说明的是：

- CMake 统一使用正斜杠/作为跨平台的路径分隔符。这一规范适用于所有支持的操作系统，包括 Windows，即使其本地路径通常使用反斜杠\。此设计确保了路径处理的跨平台一致性。
- 若输入路径为空或无效，get_filename_component()命令的处理结果可能未定义。为避免潜在错误，建议在使用前对路径变量进行检查，确保其有效性。
- 在区分大小写的文件系统(如 Linux)中，路径处理对大小写敏感。因此，输入路径需与实际文件系统中的名称保持一致，以确保正确解析。
- 当使用 ABSOLUTE 或 REALPATH 关键字时，若输入为相对路径，CMake 将基于当前工作目录(${CMAKE_CURRENT_SOURCE_DIR})或指定的 ABSOLUTE BASE_DIR 参数进行解析。用户需注意基准目录的选择，以确保路径转换符合预期。

4.2.2.2 cmake_path()命令详解

语法格式：

```
cmake_path(<operation> <path-var> [<options>])
```

与传统的 get_filename_component()相比，cmake_path()不仅能提取路径的组成部分，还能对路径进行动态修改或格式转换，使其成为新项目中推荐的路径处理工具。以下通过具体示例进一步说明其用法。

(1) 路径查询操作

路径查询操作通过 cmake_path()命令从指定路径中提取相关信息，并将结果输出至指定变量。其核心<operation>关键字为 GET。

语法格式：

```
cmake_path(GET <path-var> <component> <out-var>)
```

<path-var>：待处理的输入路径，用于提取信息的源路径。

<out-var>：输出变量，用于存储提取结果。

<component>：路径组成部分的关键字，用于指定提取的内容，支持以下可选值：

- ROOT_NAME：提取根名称，例如 Windows 系统中的驱动器号(如 C:)。
- ROOT_DIRECTORY：提取根目录分隔符，通常为正斜杠/。
- ROOT_PATH：提取根路径，即 ROOT_NAME 和 ROOT_DIRECTORY 的组合。
- FILENAME：提取文件名，包含扩展名。
- EXTENSION：提取文件扩展名，包含点号 .(默认取最后一个扩展名)。
- STEM：提取文件主名，即不包含扩展名的部分(默认取最后一个扩展名之前的内容)。
- RELATIVE_PART：提取除根路径外的相对路径部分。
- PARENT_PATH：提取父目录路径。

配置举例：

以下为 CMakeLists.txt 文件中的部分内容，展示如何通过 cmake_path()命令的 GET 操作提取路径中的文件名和扩展名：

```
set(path "${CMAKE_CURRENT_SOURCE_DIR}/main.cpp")
cmake_path(GET path FILENAME filename)
message("文件名: ${filename}")
cmake_path(GET path EXTENSION ext)
message("扩展名: ${ext}")
# 输出:
文件名: main.cpp
扩展名: .cpp
```

在上述示例中，首先通过 set()命令将路径${CMAKE_CURRENT_SOURCE_DIR}/main.cpp 存储至变量 path。随后，cmake_path()命令使用 GET 操作分别提取路径的特定组成部分：使用 FILENAME 关键字提取文件名(包含扩展名)，结果存储于变量 filename，输出为 main.cpp；使用 EXTENSION 关键字提取文件扩展名(包含点号 .)，结果存储于变量 ext，输出为.cpp。message 命令将提取结果输出至控制台，以验证操作效果。

其他<component>关键字(如 STEM、PARENT_PATH 等)的用法类似，读者可自行尝试以探索更多功能。

(2) 路径检查操作

路径检查操作用于检测路径中是否包含特定内容，返回结果为布尔值(ON 表示真，OFF 表示假)。其核心<operation>关键字为 HAS_<component>。

语法格式：

```
cmake_path(HAS_<component> <path-var> <out-var>)
```

<component>：检查的路径组成部分，可选值与 GET 操作一致(如 ROOT_NAME、EXTENSION 等)，具体见前文。

其他参数：<path-var>为输入路径，<out-var>为输出布尔值的变量。

配置举例：

以下为 CMakeLists.txt 文件中的部分内容，展示如何使用 HAS_EXTENSION 检查路径变量是否有扩展名。

```
set(path "${CMAKE_CURRENT_SOURCE_DIR}/main.cpp")
cmake_path(HAS_EXTENSION path has_ext)
message("${has_ext}")
# 输出:
ON
```

在上述示例中，cmake_path()使用 HAS_EXTENSION 检查路径变量 path(即${CMAKE_CURRENT_SOURCE_DIR}/main.cpp)是否包含扩展名。由于 main.cpp 具有扩展名 .cpp，结果存储于变量 has_ext 并输出为 ON，表示真。

需要注意的是，HAS_<component>操作仅基于路径字符串进行解析，不会验证路径在文件系统中是否实际存在。

路径检查操作还支持以下三个常用关键字：

IS_ABSOLUTE <path-var> <out-var>：检查路径是否为绝对路径。

IS_RELATIVE <path-var> <out-var>：检查路径是否为相对路径。

IS_PREFIX <path-var> <input> <out-var>：检查<path-var>是否为<input>的前缀。

配置举例：

以下为 CMakeLists.txt 文件中的部分内容，展示使用 IS_PREFIX prefix 判断是否有前缀：

```
set(prefix "/opt/CMakeLearn")
set(full "${CMAKE_CURRENT_SOURCE_DIR}/main.cpp")
cmake_path(IS_PREFIX prefix "${full}" is_prefix)
message("${is_prefix}")
# 输出：
ON
```

在上述示例中，cmake_path()使用 IS_PREFIX 检查变量 prefix(即/opt/CMakeLearn)是否为变量 full(即${CMAKE_CURRENT_SOURCE_DIR}/main.cpp)的前缀。若${CMAKE_CURRENT_SOURCE_DIR}的值为/opt/CMakeLearn，则结果为 ON，表示 prefix 是 full 的前缀。此功能可用于验证内置变量(如${CMAKE_CURRENT_SOURCE_DIR})的值或判断路径层级关系。

其他关键字(如 IS_ABSOLUTE、IS_RELATIVE)的用法类似，读者可自行尝试以深入理解。

(3) 路径替换操作

路径替换操作通过 cmake_path()命令实现对路径的动态修改与控制，提供灵活的路径处理能力。以下列出常用操作的语法格式及参数说明，并通过示例加以阐释。

SET <path-var> <input>：设置路径变量的值。

APPEND <path-var> <item>...：将一个或多个路径组件追加至现有路径。

APPEND_STRING <path-var> <string>：将字符串追加到路径(不视为路径组件)。

REMOVE_FILENAME <path-var>：移除路径中的文件名部分。

REPLACE_FILENAME <path-var> <input>：替换路径中的文件名。

REMOVE_EXTENSION <path-var> [LAST_ONLY]：移除扩展名。可选参数 LAST_ONLY 指定仅删除最后一个扩展名(默认行为)。

REPLACE_EXTENSION <path-var> <input>：替换文件扩展名。

NORMALIZE <path-var>：规范化路径，移除冗余的 ./或 ../等。

RELATIVE_PATH <path-var> BASE_DIRECTORY <base-dir>: 计算相对于基准目录的路径。

CONVERT <path-var> TO_CMAKE_PATH_LIST <out-var>：将路径转换为 CMake 风格的路径列表。

CONVERT <path-var> TO_NATIVE_PATH_LIST <out-var>：将路径转换为本地系统风格的路径列表。

NATIVE_PATH <path-var> <out-var>：将路径转换为本地系统风格的单路径。

配置举例(替换文件名)：

以下为 CMakeLists.txt 文件中的部分内容，展示使用 REPLACE_FILENAME 进行文件名的替换：

```
set(path "${CMAKE_CURRENT_SOURCE_DIR}/main.cpp")
cmake_path(REPLACE_FILENAME path "HelloWorld.cpp")
message("替换文件名后: ${path}")
# 输出:
替换文件名后: /opt/CMakeLearn/HelloWorld.cpp
```

在上述示例中，cmake_path()使用 REPLACE_FILENAME 操作将路径变量 path(初始值为${CMAKE_CURRENT_SOURCE_DIR}/main.cpp)中的文件名 main.cpp 替换为 HelloWorld.cpp，结果为/opt/CMakeLearn/HelloWorld.cpp。

需要注意的是，此操作仅修改变量 path 的值，并不影响文件系统中实际的 main.cpp 文件，即不会执行文件重命名。

配置举例(移除扩展名)：

以下为 CMakeLists.txt 文件中的部分内容，展示使用 REMOVE_EXTENSION 进行移除扩展名：

```
set(path "${CMAKE_CURRENT_SOURCE_DIR}/main.cpp")
cmake_path(REMOVE_EXTENSION path)
message("移除扩展名后: ${path}")
# 输出:
移除扩展名后: /opt/CMakeLearn/main
```

在上述示例中，cmake_path()使用 REMOVE_EXTENSION 操作从路径变量 path 中移除扩展名.cpp，结果为/opt/CMakeLearn/main。默认情况下，该操作仅删除最后一个扩展名。其他关键字(如 APPEND、NORMALIZE 等)的用法类似，读者可自行尝试以探索更多功能。

4.2.3 配置文件处理方式

在 CMake 中，configure_file()命令用于从模板文件生成配置后的文件，常用于将包含变量占位符或条件表达式的输入文件处理为输出文件，替换其中的变量或根据条件生成定义。这一功能在生成配置文件、头文件或其他需要动态内容的场景中尤为实用。

语法格式(参数说明见附录 1):

```
configure_file(<input> <output> <options>)
```

配置举例:

为阐明 configure_file()的用法，以下通过一个示例展示其功能。首先创建一个用于 C/C++的模板文件 config.h.in，其内容如下:

```
#define NAME "@PROJECT_NAME@"
#define VERSION ${VERSION}
#cmakedefine DEBUG_MODE
```

以下是 CMakeLists.txt 文件中的部分内容:

```
set(PROJECT_NAME "HelloWorld")
set(VERSION 1)
set(DEBUG_MODE TRUE)
configure_file("${CMAKE_CURRENT_SOURCE_DIR}/config.h.in"
              "${CMAKE_CURRENT_SOURCE_DIR}/config.h"
               ESCAPE_QUOTES
               NEWLINE_STYLE UNIX
               FILE_PERMISSIONS OWNER_READ OWNER_WRITE)
```

输出:

```
[root@localhost CMakeLearn]# cat config.h
#define NAME "HelloWorld"
```

```
#define VERSION 1
#define DEBUG_MODE
```

先看下上述例子中的变量替换机制，在 config.h.in 模板文件中，configure_file()命令会处理以下形式的占位符：

- @PROJECT_NAME@被替换为 CMake 中定义的变量值"HelloWorld"。
- ${VERSION}被替换为变量值 1。
- #cmakedefine DEBUG_MODE 根据变量 DEBUG_MODE 的定义状态生成代码：若变量已定义(无论值为 TRUE 或其他非 FALSE 值)，生成#define DEBUG_MODE；若未定义或值为 FALSE，生成/* #undef DEBUG_MODE */。在本例中，DEBUG_MODE 定义为 TRUE，故输出#define DEBUG_MODE。需要注意的是，#cmakedefine 的值若为除 FALSE 外的其他字符串(如"ON")，仅影响是否定义，而不会将值写入输出。

其次，示例中的 configure_file()使用了以下三个可选参数：

ESCAPE_QUOTES：对替换后的内容中的引号(")进行转义，添加反斜杠(\)，确保生成的代码符合 C/C++语法。

NEWLINE_STYLE UNIX：指定输出文件的换行符为 UNIX 风格(\n)，适用于跨平台一致性。

FILE_PERMISSIONS OWNER_READ OWNER_WRITE：设置输出文件 config.h 的权限为拥有者可读可写。

通过上述示例，configure_file()命令将模板文件 config.h.in 中的变量占位符和条件指令替换为具体值，生成了最终的 config.h 文件。这一过程展示了其在动态生成配置文件中的灵活性和实用性。

4.3 本章小结

本章详细介绍了 CMake 中的两个核心命令：string()和 file()，它们在项目配置、构建和脚本逻辑处理中具有重要作用。

string()命令通过多种子命令(如 TOUPPER、FIND、REPLACE、CONCAT 等)支持字符串的转换、查找、替换、拼接和比较等操作，广泛应用于动态生成路径、规范化输入、管理版本号、实现条件逻辑、生成配置元数据以及调试脚本等场景，其灵活性使其成为处理文本数据的关键工具。

file()命令专注于文件和目录操作，支持文件的读写、路径处理、目录创建、文件复制与删除等功能，适用于管理项目资源、生成配置文件、处理外部数据及自动化构建流程。

第5章

项目的构建

5.1 内部构建和外部构建

CMake 支持两种主要的项目构建方式，即内部构建(In-Source Build)和外部构建(Out-of-Source Build)。二者的根本区别在于构建生成文件(如 Makefile、CMakeCache.txt、.o 文件、.obj 文件等)的存储位置不同。

5.1.1 内部构建

所谓内部构建，是指将构建过程中生成的文件存储于源代码目录内，与源文件混合存放。在前述章节中，我们所采用的即为内部构建方式。

对于小型项目或临时性构建任务而言，此方式简便易行，尚无显著弊端。然而，对于中大型项目，特别是依赖 Git 进行版本管理的开发场景，内部构建易导致源代码目录受到污染，进而使目录结构混乱，不利于版本控制的实施。同时，清理构建生成文件的过程也将变得异常繁琐。此外，内部构建还可能因构建文件与源文件的混杂，增加调试和维护的难度，例如在排查问题时，开发者需在大量无关文件中定位源代码，或因误操作意外提交构建文件至版本库，从而影响项目的可移植性和一致性。因此，在现代软件开发实践中，内部构建通常不作为首选方式。

5.1.2 外部构建

外部构建是指将构建过程中生成的文件独立存储于某一指定目录中，与源代码目录完全分离。

采用外部构建方式，可确保源代码目录保持高度整洁，使其仅包含源代码文件及 CMakeLists.txt 文件。此外，该方式支持为不同配置(如 Debug 版本、Release 版本)或不同编译器创建独立的构建目录，有效避免配置间的冲突。由于构建文件与源代码分离，使用 Git 进行版本控制将更为便捷高效。同时，构建目录的管理可独立于源代码进行，若需清理构建文件，仅需删除相应目录即可，操作简便且彻底。不仅如此，外部构建还便于在同一源代码基础上并行开展多个实验性构建任务，例如测试新特性或优化编译参数，而无需担心对主开发环境造成干扰。此特性显著提升了项目的可维护性与灵活性，因而外部构建在现代软件开发中被广泛推荐和采用。

外部构建的实现方式也颇为简便。在源代码及 CMakeLists.txt 所在目录下，需要创建一个名为 build 的目录，以将构建产出放置于此，并于源代码严格分离。具体操作及目录结构如下所示:

```
[root@localhost CMakeLearn]# mkdir build
[root@localhost CMakeLearn]# tree
.
├── build
├── CMakeLists.txt
└── main.cpp
```

随后，进入 build 目录并执行构建命令(部分输出已省略):

```
[root@localhost CMakeLearn]# cd build
[root@localhost build]# cmake ..
[root@localhost build]# make
```

构建完成后，可观察到 CMake 生成的文件(如 CMakeCache.txt、CMakeFiles、Makefile 等)均独立存储于 build 目录中:

```
[root@localhost build]# ls
CMakeCache.txt CMakeFiles cmake_install.cmake HelloWorld Makefile
```

上述命令中，由于操作是在 build 目录下执行的，cmake ..的功能是以当前目录的上一级目录作为源代码目录，并在当前目录生成所有构建文件。

然而，若需要在其他任意路径执行构建，则需要借助 CMake 提供的-S 和-B 选项：-S 指定源代码目录(即存放顶层 CMakeLists.txt 的路径)；-B 指定构建目录(即生成构建系统文件的目标路径)，若构建目录不存在，CMake 将自动创建。参考命令如下：

```
[root@localhost ~]# cmake -S /opt/CMakeLearn/ -B /opt/my_build/
```

此方式直观地制定了源代码目录与构建目录的分离，是现代 CMake 构建的推荐实践。

此外，在 CMakeLists.txt 中还可以使用内置变量 PROJECT_BINARY_DIR 和 PROJECT_SOURCE_DIR，它们可自动指向构建目录与源代码目录。

对于大多数项目，尤其是需持续开发与维护的项目，外部构建是更优选择。它不仅保持项目结构清晰，还显著提升可管理性与可维护性。因此，本书后续内容中的构建示例，均将采用外部构建方式。

5.2 建立 HelloWorld 项目

在本章中，我们将以一个具体项目的视角，完整演示项目构建的流程。本章将详细阐述项目的目录结构设计以及 install()命令的使用方法。同时，还将学习如何生成 Debug 和 Release 版本的项目以及控制构建的过程，以满足不同开发与部署需求。

5.2.1 添加子目录

为了让 HelloWorld 看起来更像是一个项目，我们在 CMakeLearn 路径下新增一个 src 目录，专门用来存放项目源代码。创建方式及创建后的目录结构如下：

```
[root@localhost CMakeLearn]# mkdir src
[root@localhost CMakeLearn]# mv main.cpp src
[root@localhost CMakeLearn]# tree
.
├── build
├── CMakeLists.txt
└── src
    └── main.cpp
```

创建完成后，我们需要思考一个问题：如何让 CMake 去构建 src 下的 main.cpp 文件？这里我们就要学习一个新的命令 add_subdirectory()。

add_subdirectory()是 CMake 中一个关键的命令，它的作用是将子目录添加到构建过程中，允许将子目录中的 CMakeLists.txt 文件作为构建的一部分来进行处理。这样就允许项目可以分为多个模块或子项目，每个模块或子项目就可以在自己的目录中单独进行管理，从而提高了项目的可管理性。

add_subdirectory()的语法格式如下(详见附录 1)：

```
add_subdirectory(<source_dir> [binary_dir] [EXCLUDE_FROM_ALL] [OUTPUT_NAME <name>])
```

<source_dir>是必填项，表示子目录的路径。

要在 HelloWorld 项目中使用 add_subdirectory()命令，还需要在 src 中再创建一个 CMakeLists.txt 文件，用来单独处理 src 中的 main.cpp 文件。此时形成的目录结构如下：

```
[root@localhost src]# touch CMakeLists.txt
[root@localhost CMakeLearn]# tree
.
├── build
├── CMakeLists.txt
└── src
    ├── CMakeLists.txt
    └── main.cpp
```

这样我们就得到了两个 CMakeLists.txt 文件，分别是 CMakeLearn 目录下的外层 CMakeLists.txt 以及 src 下的内层 CMakeLists.txt 文件。

接下来，在外层的 CMakeLists.txt 中使用 add_subdirectory()命令，将子目录 src 添加到构建中。为了方便理解，可先将其他命令删除，只留以下两行命令。

```
project(HelloWorld)
add_subdirectory(src)
```

需要注意的是，在 add_subdirectory(src)中，src 使用的是相对路径，即相对当前 CMakeLists.txt 所在的路径(CMakeLearn 目录)。如果有多个子目录，构建顺序将按当前 CMakeLists.txt 文件中编写的顺序执行。在实际项目中，构建顺序可能引发依赖问题，需谨慎设计。

然后，在 src 路径下的内层 CMakeLists.txt 中使用 add_executable()命令，用于将 main.cpp 编译为可执行文件。同样为了方便理解，内层的 src 路径下的 CMakeLists.txt 只写 add_executable()这一行命令。

```
add_executable(${PROJECT_NAME} main.cpp)
```

最后，进入到 build 目录下，使用外部构建的方式进行构建:

```
[root@localhost CMakeLearn]# cd build
[root@localhost build]# cmake ..
[root@localhost build]# make
```

构建完成后，我们会发现在 build 路径下会有 CMake 构建时产生的中间文件以及一个 src 目录(即 build/src)，在该目录下仍有另一套 CMake 在构建时产生的中间文件以及使用 make 编译后的二进制可执行文件。也佐证了使用 add_subdirectory()命令可以把项目分为多个模块和子项目。

现在，我们对该命令稍作修改:

```
add_subdirectory(src HelloWorld)
```

在 src 后面指定了[binary_dir]即 HelloWorld，那么在构建后，build 路径下将不会产生 src 目录，而是产生一个 HelloWorld 目录，中间文件也将存放到 HelloWorld 目录。可见，add_subdirectory()命令的[binary_dir]可选项，可以指定子目录构建输出文件的位置。

当我们有多个子目录时，使用 cmake 和 make 命令后，会对所有子目录都进行编译和生成。如果你想排除某个目录，可以在 add_subdirectory()命令中使用 EXCLUDE_FROM_ALL 关键字。参考命令如下:

```
add_subdirectory(tests EXCLUDE_FROM_ALL)
```

5.2.2 创建项目相关文件

在本小节中，我们将创建若干实际项目中常用的文件: README、COPYRIGHT、doc 目录和 run.sh，以进一步完善 HelloWorld 项目结构。

- README 文件：主要包含项目概述、安装指南、使用说明、构建与开发指南、贡献说明、许可证信息、联系方式及常见问题解答等内容，为用户和开发者提供全面指导。

- COPYRIGHT 文件：用于声明版权信息，包括版权所有者、版权保留声明、许可证信息及版权声明变更历史等，从法律层面保护代码所有权。
- doc 目录：用于存放项目使用文档等相关资料。
- run.sh 脚本：通过该脚本可快速调用二进制文件，从而启动项目。

创建命令以及创建后的目录结构如下：

```
[root@localhost CMakeLearn]# touch README
[root@localhost CMakeLearn]# touch COPYRIGHT
[root@localhost CMakeLearn]# mkdir doc
[root@localhost CMakeLearn]# touch doc/hello.txt
[root@localhost CMakeLearn]# touch run.sh
[root@localhost CMakeLearn]# tree
.
├── build
├── CMakeLists.txt
├── COPYRIGHT
├── doc
│   └── hello.txt
├── README
├── run.sh
└── src
    ├── CMakeLists.txt
    └── main.cpp
```

尽管上述文件目前为空，但通过这些文件的添加，项目结构已初步具备实际工程的形态，为后续开发与维护奠定了基础。

5.3 安装 HelloWorld 项目

CMake 中的项目安装是指将编译完成的可执行文件、库、头文件、普通文件及脚本文件等复制到指定目录的过程。安装是构建流程中的关键环节，可以帮助开发者精确控制文件的安装位置与行为。通常在通过 make 命令完成构建后，使用 make install 或 cmake --install 执行安装操作。

CMake 的安装行为通过 CMakeLists.txt 文件中的 install()命令实现。其基本语法格式如下(仅列出部分参数，详细说明见附录 1):

```
install(TARGETS <target1> <target2> ... DESTINATION <dir> ...)
```

TARGETS 指的是目标文件，而 DESTINATION 指的是需要安装到的路径。针对不同的目标文件必须要使用正确的关键字(以下列出部分):

TARGETS：用于安装可执行文件或库。

FILES：用于安装指定的单个文件。

DIRECTORY：用于安装整个目录及其内容。

PROGRAMS：用于安装可执行文件或脚本，并确保安装后具备可执行权限。

通过 install()命令，CMake 提供了灵活的安装配置能力，可满足不同项目的需求。

5.3.1 Linux 下 install()命令的使用

以下例子，我们将安装第 5.2.2 节创建的 README 文件、COPYRIGHT 文件、doc 目录、run.sh 脚本以及可执行文件。

(1) 安装 README 和 COPYRIGHT 文件

CMakeLearn 路径下的 CMakeLists.txt 文件中的部分内容(最外层的 CMakeLists.txt 文件):

```
project(HelloWorld)
install(FILES README COPYRIGHT DESTINATION share/doc/HelloWorld)
add_subdirectory(src)
```

完成后，进到 build 路径下进行编译:

```
[root@localhost build]# cmake ..
[root@localhost build]# make
[root@localhost build]# make install
# 以下是 make install 的部分输出
-- Installing: /usr/local/share/doc/HelloWorld/README
```

```
-- Installing: /usr/local/share/doc/HelloWorld/COPYRIGHT
```

上述 install()命令中使用的 FILES 关键字，表示需要安装的是普通文件。安装到一个相对路径 share/doc/HelloWorld 下，从输出中可以看出它的绝对路径是在/usr/local/share/doc/HelloWorld/下。

如果要修改此绝对路径，有两个方法：

①修改内置变量 CMAKE_INSTALL_PREFIX，该变量定义了软件安装路径的基础位置。所以绝对路径为：${CMAKE_INSTALL_PREFIX}/<定义的路径>。Linux 或 macOS 中该变量的值一般为：/usr/local。在 Windows 下一般为：C:/Program Files(x86)。

以下使用了 set()命令修改 CMAKE_INSTALL_PREFIX 内置变量的值，将软件安装路径的基础位置改到/opt 路径下。

```
set(CMAKE_INSTALL_PREFIX /opt)
```

②CMAKE_INSTALL_PREFIX 除了是 CMake 的内置变量外，也是一个缓存变量。因此我们就可以通过 cmake 命令的-D 选项，在构建的时候直接修改此变量的值。

查看 CMakeCache.txt 文件，可知其为缓存变量。

```
[root@localhost build]# cat CMakeCache.txt | grep CMAKE_INSTALL_PREFIX
CMAKE_INSTALL_PREFIX:PATH=/usr/local
```

以下使用 cmake -D 选项进行构建。

```
[root@localhost build]# cmake -D CMAKE_INSTALL_PERFIX=/opt ..
```

最后值得一提的是，除了使用 make install 外，还可以使用 cmake --install . 进行安装，注意该命令后面有一个点，表示当前路径。无论是使用 make install 还是 cmake --install .进行安装，在安装路径下必须还有 cmake_install.cmake 文件。

(2) 安装 doc 目录和该目录下的 hello.txt 文件

CMakeLearn 路径下的 CMakeLists.txt 文件中的部分内容(最外层的 CMakeLists.txt 文件)：

```
install(DIRECTORY doc DESTINATION share/doc/HelloWorld)
```

完成后，进到 build 路径下进行编译:

```
[root@localhost build]# make install
-- Installing: /usr/local/share/doc/HelloWorld/doc
-- Installing: /usr/local/share/doc/HelloWorld/doc/hello.txt
```

从上述命令 make install 的部分输出中可以看出,使用了 DIRECTORY 关键字表示安装目录。需要注意的是 install()中写的是 doc，而不是 doc/。如果你写的是 doc/，安装的是 doc 路径下的所有文件到相应的路径下，而不是 doc 整个目录到相应的路径下。

(3) 安装 run.sh 脚本文件

CMakeLearn 路径下的 CMakeLists.txt 文件中的部分内容(最外层的 CMakeLists.txt 文件):

```
install(PROGRAMS run.sh DESTINATION share/doc/HelloWorld)
```

完成后，进到 build 路径下进行编译:

```
[root@localhost build]# make install
-- Installing: /usr/local/share/doc/HelloWorld/run.sh
```

上述命令中使用 PROGRAMS 关键字进行脚本的安装。在安装前，在 CMakeLearn 下的 run.sh 是没有可执行权限的，参考如下:

```
[root@localhost build]# ll /opt/CMakeLearn/run.sh
-rw-r--r--. 1 root root 0 Dec 19 17:42 /opt/CMakeLearn/run.sh
```

安装后,在 HelloWorld 目录下 run.sh 是有可执行权限的,验证了 PROGRAMS 关键字会自动地给可执行文件和脚本赋予可执行的权限。参考如下:

```
[root@localhost build]# ll /usr/local/share/doc/HelloWorld/run.sh
-rwxr-xr-x. 1 root root 0 Dec 19 17:42 /usr/local/share/doc/HelloWorld/run.sh
```

下面我们需要思考一个问题，如何将 HelloWorld 项目生成的二进制文件 HelloWorld 安装到 Linux 的/usr/local/bin 路径下，让 Linux 可以直接运行该程序呢?

首先我们要考虑的是，要让 CMake 先生成二进制文件 HelloWorld，然后再进行安装。而在我们上述例子中，生成的二进制文件 HelloWorld 是在内层的 src 路径下的 CMakeLists.txt 文件中完成的。因此我们应该在此文件下写 install()命令。

以下是 src 路径下的 CMakeLists.txt 文件中的配置，注意路径写的是 bin，那么它的绝对路径前面已经介绍过了，默认就是/usr/local/bin。参考命令如下：

```
add_executable(${PROJECT_NAME} main.cpp)
install(TARGETS ${PROJECT_NAME} DESTINATION bin)
```

完成后，进到 build 路径下进行编译。

```
[root@localhost build]# make install
-- Installing: /usr/local/bin/HelloWorld
```

从上述 make install 的输出中可见已经安装成功。以下验证能否在 Linux 下直接调用二进制程序。参考命令如下：

```
[root@localhost ~]# HelloWorld
Hello World
```

需要注意的是，install()命令中的 TARGETS 与 PROGRAMS 虽然都是用于安装可执行程序的，但还是有区别的。如果使用不当，cmake 在构建时会报错。TARGETS 适用于安装 CMake 构建时生成的二进制文件或库文件等，而 PROGRAMS 则用于安装非构建生成的脚本或需可执行权限的文件，如.sh 文件、.py 文件或其他可执行文件。

同样再思考一下，将 src 路径下的 CMakeLists.txt 文件中的两条配置顺序交换一下是否可以？配置如下：

```
install(TARGETS ${PROJECT_NAME} DESTINATION bin)
add_executable(${PROJECT_NAME} main.cpp)
```

答案肯定是不可以。以下是 CMake 的报错，说明该文件不存在。因为没有 HelloWorld 二进制文件，谈何安装。

```
CMake Error at src/CMakeLists.txt:3 (install):
  install TARGETS given target "HelloWorld" which does not exist.
```

5.3.2 Windows 下 install()命令的使用

这一小节我们将第 5.2.1 节中创建完成的目录和文件都拷贝到 Windows 的 D 盘下，以直观体验 CMake 在跨平台构建时的便捷性。图 5-1 展示了 D 盘下 CMakeLearn 的目录结构。

图 5-1

我们首先要通过管理员的方式打开 Windows PowerShell，并且进入到 D:/CMakeLearn/build 路径下，使用外部构建的方式进行构建，将该项目构建成 Visual Studio 2022 可以打开的.sln 文件。具体操作如下：

```
C:\Windows\system32> cd D:\CMakeLearn\build\
D:\CMakeLearn\build>cmake -G "Visual Studio 17 2022" ..
```

构建完成后，在 build 目录下就会产生 HelloWorld.sln 文件。此时需要以管理员身份打开 Visual Studio 2022，才能打开这个.sln 文件。因为 Windows 下 CMake 默认安装路径是在 C:/Program Files 下，不使用管理员身份打开 Visual Studio 2022 就没有权限在 C:/Program Files 下安装文件。

用管理员身份打开 Visual Studio 2022 后，点击打开项目或解决方案，然后选择到 D:\CMakeLearn\build\下的 HelloWorld.sln 打开。打开后解决方案资源管理器如图 5-2 所示。

在解决方案资源管理器中可以看到，使用了 CMake 生成 Visual Studio 工程文件后，新建了一个 CMakePredefinedTargets 目录，该目录包含了一些预定义的目标，这些目标通常由 CMake 生成，并不直接关联到项目源码，而是 CMake 自身用于构建、清理、安装、测试等操作。

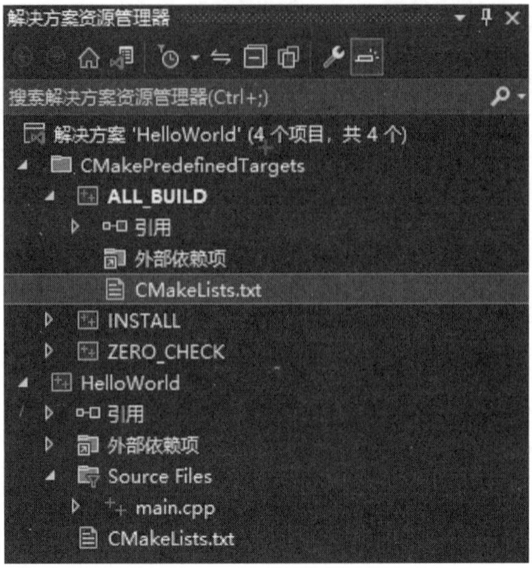

图 5-2

其中 ALL_BUILD 就是用来构建的，可以理解为在 Linux 中使用了 make 命令。INSTALL 就是用来安装的，可以理解为在 Linux 中使用了 make install 命令。ZERO_CHECK 则用来检查 CMakeLists.txt 文件或 CMakeCache.txt 是否是最新的。

在构建上，这些操作也是有顺序的。应该先右键点击“ZERO_CHECK”，然后选择“生成”；再右键点击“ALL_BUILD”选择“生成”；最后右键点击“INSTALL”选择“生成”。具体操作如图 5-3 所示。

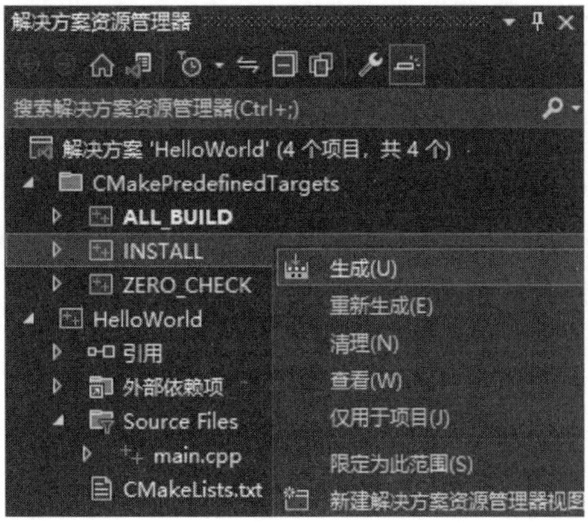

图 5-3

以上这些操作，本质上其实是先检查相关文件是否是最新的，然后进行构建，最后安装。因为使用的是 Visual Studio 2022 集成环境，我们就可以直接跳过前面两步，直接做最后一步，也就是右键点击“INSTALL”选择“生成”。Visual Studio 2022 会帮助我们自动完成前面两步。

图 5-4 展示了生成的日志。从日志中也可以看出 CMake 的构建顺序，以及文件最终的安装位置。

图 5-4

5.3.3 install()命令的关键字及常用功能

本节主要介绍 CMake 中 install()命令的关键字及其常用功能，通过这些关键字便可实现灵活的安装配置。

(1) COMPONENT 关键字

COMPONENT 关键字允许将安装的目标、文件或目录分配到不同的组件中，然后通过命令 cmake --install . --component <组件名>，用户可以选择性地安装特定组件。这种分组机制为安装过程提供了更高的灵活性，使用户能够根据需求安装或排除某些部分。

例如向 CMakeLearn 路径下的 CMakeLists.txt 文件中写入如下内容(最外层的 CMakeLists.txt 文件)：

```
install(FILES README DESTINATION share/doc/HelloWorld COMPONENT files)
install(FILES COPYRIGHT DESTINATION share/doc/HelloWorld COMPONENT files)
install(DIRECTORY doc/ DESTINATION share/doc/HelloWorld COMPONENT docs)
install(PROGRAMS run.sh DESTINATION share/doc/HelloWorld COMPONENT scripts)
```

上述命令展示了如何将文件、目录和脚本分配到不同的组件：

- FILES 关键字用于安装普通文件，示例中将 README 和 COPYRIGHT 分配到 files 组件。分开两行书写表明多个文件可以归入同一组件。
- DIRECTORY 关键字用于安装目录及其内容，此处将 doc/目录分配到 docs 组件。
- PROGRAMS 关键字用于安装可执行脚本，此处将 run.sh 分配到 scripts 组件。

在正常使用 cmake ..和 make 构建后，使用 cmake –install . --component 进行分组安装。组件名称对大小写敏感，因此在定义和调用时需保持一致。参考命令如下：

```
[root@localhost build]# cmake ..
[root@localhost build]# make
[root@localhost build]# cmake --install . --component files  #安装文件组件
[root@localhost build]# cmake --install . --component docs  #安装目录组件
[root@localhost build]# cmake --install . --component scripts  #安装脚本组件
```

需要注意的是，若直接使用 make --install 命令，将安装所有组件，而不会区分 COMPONENT。若没有在 install()命令中显式指定 COMPONENT，CMake 会将安装规则分配到一个默认组件(通常为 Unspecified)。

执行 cmake --install 命令时,CMake 会读取当前目录下的 cmake_install.cmake 文件。该文件由 CMake 自动生成，包含实现组件安装的相关逻辑。以下是 cmake_install.cmake 文件的部分内容:

```
if(CMAKE_INSTALL_COMPONENT STREQUAL "files" OR NOT CMAKE_INSTALL_COMPONENT)
    file(INSTALL  DESTINATION  "${CMAKE_INSTALL_PREFIX}/share/doc/HelloWorld"
TYPE FILE FILES "/opt/CMakeLearn/README")
endif()
```

从上述代码可以看出，install()命令的底层实现依赖于 file(INSTALL ...)命令。尽管用户可以直接使用 file(INSTALL ...)实现类似功能，但这种方式不推荐，因为 install()提供了更高层次的抽象和更好的可读性。

因此除了使用 cmake --install . --component 外，还可以通过设置缓存变量 CMAKE_INSTALL_COMPONENT 并结合-P 参数执行 cmake_install.cmake 文件来安装特定组件。示例命令如下:

```
[root@localhost build]# cmake -D CMAKE_INSTALL_COMPONENT=files -P cmake_
install.cmake
```

此方法通过定义 CMAKE_INSTALL_COMPONENT 的值(例如 files)，指定安装的组件，随后调用 cmake_install.cmake 文件执行安装逻辑。这种方式适用于脚本化或自动化安装场景。

(2) OPTIONAL 关键字

在使用 make install 命令进行安装时，若指定安装的文件不存在，安装过程将终止。然而，在某些场景下，即使文件缺失，我们仍希望安装能够继续完成。这时，可在 install()命令中使用 OPTIONAL 关键字。

OPTIONAL 关键字适用于普通文件、目录或脚本，但不适用于 CMake 编译生成的二进制可执行文件(即通过 TARGETS 安装的文件)。以下是一个示例:

```
install(FILES file1 DESTINATION share/doc/HelloWorld OPTIONAL)
```

上述命令中，若 file1 不存在，执行 make install 时安装过程不会中断，而是继续执行后续操作。

通过使用 OPTIONAL 关键字，CMake 的灵活性得以增强，特别适用于处理可能不完整的源代码树或条件编译场景。然而，使用时需谨慎，因为它可能掩盖潜在的安装问题。需要明确的是，OPTIONAL 仅避免因文件或目录缺失导致安装中断，并不会自动生成或创建这些文件或目录。

(3) EXCLUDE_FROM_ALL 关键字

EXCLUDE_FROM_ALL 关键字用于在安装时排除特定的文件或目录等。被标记为 EXCLUDE_FROM_ALL 的目标在使用 make install 命令时不会被安装。这一功能在为特定用户或开发环境提供可选安装的内容时尤为实用。

以下示例展示了如何使用 EXCLUDE_FROM_ALL 关键字，使得 COPYRIGHT 文件在执行 make install 时不被安装：

```
install(FILES COPYRIGHT DESTINATION share/doc/HelloWorld EXCLUDE_ FROM_ALL)
```

若需安装被排除的文件，可以通过将其定义为一个组件，并结合 cmake --install 命令实现。例如，以下命令将 COPYRIGHT 文件分配到 file_CopyRight 组件，同时使用 EXCLUDE_FROM_ALL 排除其在 make install 中的安装：

```
install(FILES COPYRIGHT DESTINATION share/doc/HelloWorld COMPONENT file_
CopyRight EXCLUDE_FROM_ALL)
```

随后，可通过以下命令安装该组件：

```
[root@localhost build]# cmake --install . --component file_CopyRight
```

(4) PERMISSIONS 关键字

PERMISSIONS 关键字用于在安装时设置文件或目录的权限。可用的权限关键字及其含义参见表 3-1。

以下示例将 run.sh 脚本的权限设置为所有者可读、可写和可执行，其他权限未设置：

```
install(PROGRAMS run.sh DESTINATION share/doc/HelloWorld PERMISSIONS OWNER_
READ OWNER_WRITE OWNER_EXECUTE)
```

编译并安装后，可通过以下命令验证 run.sh 的权限：

```
[root@localhost build]# ll /usr/local/share/doc/HelloWorld/ run.sh
-rwx------. 1 root root 0 Dec 19 17:42 /usr/local/share/doc/HelloWorld/run.sh
```

输出显示文件权限为-rwx------，表明所有者具有读、写和执行权限，而组成员和其他人无任何权限。

权限设置并非在所有平台上都完全适用。例如，在 Windows 系统中，权限概念与 Unix/Linux 有所不同，可能无法完全反映上述设置。此外，设置权限时应确保符合安全策略，因为不当的权限配置可能引发安全风险。

(5)RUNTIME/LIBRARY/ARCHIVE 关键字

在安装通过 add_executable()命令生成的二进制可执行文件时，通常使用 TARGETS 关键字。同样，安装动态共享库文件和静态库文件时，也可以使用 TARGETS 关键字。为区分这三类目标的不同安装类型，可使用 RUNTIME、LIBRARY 和 ARCHIVE 关键字。这些关键字需置于 DESTINATION 关键字之前，其具体含义见表 5-1。

表 5-1

关键字	说明
RUNTIME	二进制可执行文件
LIBRARY	动态共享库文件
ARCHIVE	静态库文件

以下是 src 目录下 CMakeLists.txt 文件的配置举例，参考命令如下：

```
install(TARGETS HelloWorld RUNTIME DESTINATION bin)
```

5.4 生成 Debug 或 Release 版本

在实际项目开发的测试阶段，通常生成的是 debug 版本的二进制文件。debug 版本包含大量调试信息，便于程序员使用 GDB 等工具进行调试，但这也导致文件体积较大且运行速度较慢。当项目程序需要上线发布时，必须生成 release 版本。release 版本经过编译器的大量优化，文件体积更小，运行速度更快。

CMake 在构建时，默认构建类型为 None，即既非 debug 也非 release。在未显式指定构建类型的情况下，CMake 会根据使用的构建系统(如 Make、Ninja、Visual Studio 等)决定构建行为。例如，在 Linux 或 macOS 下使用 Make 或 Ninja 构建时，默认构建类型为 None。此时，若未手动指定，通常会生成 Debug 版本，但具体行为可能因 CMake 版本和构建工具而异。

除了 debug 和 release，CMake 还支持其他构建类型，例如：

- RelWithDebInfo：release 版本带调试信息，适用于需要性能优化但仍保留部分调试能力的场景。
- MinSizeRel：最小化文件大小的 release 版本，适用于对文件体积要求极高的场景。

如果要手动指定构建类型为 release 或其他类型，需要通过内置变量 CMAKE_BUILD_TYPE 进行控制。经过上面的学习，我们已经知道了有两种较为常用的配置方法。

第一种是在 CMakeLists.txt 文件中修改内置变量 CMAKE_BUILD_TYPE 值为 release，参考命令如下：

```
set(CMAKE_BUILD_TYPE release)
```

第二种则是使用 cmake 命令编译时，使用-D 选项，参考命令如下：

```
[root@localhost build]#cmake -D CMAKE_BUILD_TYPE=release ..
```

比较使用 debug 和 release 版本所生成的二进制文件 HelloWorld 的大小。

```
-rwxr-xr-x. 1 root root 8816 Dec 23 17:23 HelloWorld   #release 版
-rwxr-xr-x. 1 root root 19496 Dec 23 17:26 HelloWorld  #deubug 版
```

从结果可见，release 版本的文件大小显著小于 debug 版本，体现了优化的效果。

5.5 控制构建过程

在项目构建过程中，常常需要根据不同需求生成不同的产品版本。例如，针对不同客户的定制开发、是否启用测试功能、是否启动 OpenGL 进行图形渲染等。为了满足这些需求，CMake 提供了 option()命令。该命令用于定义一个布尔变量，通过在构建时设置该变量的值，可以灵活控制构建过程。其语法格式如下(详细参数见附录 1)：

```
option(<option_variable> "help string describing option" [initial value])
```

<option_variable>：变量名，用于在 CMake 中引用。

"help string describing option"：变量的描述字符串，用于说明其作用，通常在配置工具(如 ccache 或 cmake-gui)中显示。

[initial value]：初始值，可选，默认为 OFF，可显式设置为 ON。

举例说明，假设项目需满足不同客户需求，客户 A 要求构建输出 Hello World 的项目，客户 B 要求构建输出 Hello CMake 的项目。为实现这一目标，可基于第 5.2.1 节的目录结构，将 src 目录复制并重命名为 HelloCMake，然后修改 HelloCMake/main.cpp 中的输出为 Hello CMake。最终，src 目录对应客户 A 的需求(输出 Hello World)，HelloCMake 目录对应客户 B 的需求(输出 Hello CMake)。调整后的部分目录结构如下：

```
[root@localhost CMakeLearn]# tree
.
├── build
├── CMakeLists.txt
├── HelloCMake
│   ├── CMakeLists.txt
│   └── main.cpp
└── src
    ├── CMakeLists.txt
    └── main.cpp
```

配置调整如下。

(1) HelloCMake/CMakeLists.txt 的修改

为避免同时构建并安装时二进制文件重名，需修改 HelloCMake 目录下 CMakeLists.txt 中的目标名称。调整后的部分配置如下:

```
add_executable(HelloCMake main.cpp)
install(TARGETS HelloCMake DESTINATION bin)
```

(2) src/CMakeLists.txt 保持不变，参考配置如下:

```
add_executable(${PROJECT_NAME}  main.cpp)
install(TARGETS ${PROJECT_NAME}  DESTINATION bin)
上述命令的${PROJECT_NAME}解引用的值为 HelloWorld。
```

(3) 顶层 CMakeLists.txt 的配置

在 CMakeLearn/CMakeLists.txt 中，使用 option()命令定义控制变量，并通过 if()条件判断构建哪些子目录。部分配置如下(option()命令应置于文件头部):

```
# 设置默认构建 HelloWorld
option(BUILD_HelloWorld "Build HelloWorld version" ON)
# 设置默认不构建 HelloCMake
option(BUILD_HelloCMake "Build HelloCMake version" OFF)
# 通过 if 条件判断，构建哪个项目
if(BUILD_HelloWorld)
  add_subdirectory(src)
endif()
if(BUILD_HelloCMake)
  add_subdirectory(HelloCMake)
endif()
```

上述配置中:

BUILD_HelloWorld 默认值为 ON，表示默认构建客户 A 的项目;

BUILD_HelloCMake 默认值为 OFF，表示默认不构建客户 B 的项目。

默认情况下，仅构建 HelloWorld 项目。若需同时构建客户 A 和客户 B 的项目，可通过命令行将 BUILD_HelloCMake 设置为 ON，示例命令如下：

```
[root@localhost build]# cmake -D BUILD_HelloCMake=ON ..
[root@localhost build]# make
[root@localhost build]# make install
-- Installing: /usr/local/bin/HelloWorld
-- Installing: /usr/local/bin/HelloCMake
```

上述命令在 CMake 中使用-D 选项设置 BUILD_HelloCMake 的值为 ON，从输出中可以看出 CMake 分别对 HelloWorld 和 HelloCMake 进行了安装。

option()定义的变量(如 BUILD_HelloWorld 和 BUILD_HelloCMake)是布尔型缓存变量，存储于 CMakeCache.txt 中。用户可通过命令行(-D 选项)或配置工具(如 cmake-gui)修改其值。若需动态调整，需确保缓存被更新或重建。

在实际的项目中建议在顶层 CMakeLists.txt 中集中管理所有 option()定义，以便于维护。在多人协作项目中，建议在文档中说明各选项的作用及推荐用法。

5.6 本章小结

本章以完整的项目构建过程讲解了如何通过添加子目录实现项目的模块化管理，并深入研究了项目在不同平台的安装过程、如何生成 debug 和 release 版本，以及使用 option()命令针对不同需求进行构建过程控制的方法。通过本章的学习，希望读者能掌握 CMake 的高级特性，构建出满足多样化需求的工程项目。

第6章

库的构建

6.1 理解静态库和动态共享库

在本章中，我们将探讨静态库和动态共享库的基本概念，分析它们的特点、区别以及适用的场景，为后续构建 HelloWorld 项目库文件奠定理论基础。

6.1.1 静态库

静态库是指在编译阶段被直接嵌入最终可执行文件的库文件。在 Linux/Unix、macOS 系统中，静态库文件通常以.a 作为扩展名；而在 Windows 系统中，则通常以.lib 作为扩展名。当源代码进行编译时，编译器会将静态库中的目标文件整合到最终的可执行文件中。编译完成后，可执行文件已包含静态库的所有代码，因此运行时无需额外依赖静态库文件。

以下是静态库的主要优点：

- 运行时无需动态链接，避免了库文件缺失或版本不兼容的问题。
- 可执行文件集成了所有必需代码，简化了部署过程。

以下是静态库的主要缺点：

- 由于静态库代码被嵌入，可执行文件体积较大。
- 若多个程序使用同一静态库的相同版本，每个程序均需内嵌一份库代码，导致存储资源的重复占用。
- 静态库更新后，需重新编译所有依赖该库的程序，增加了维护的工作量和成本。

6.1.2 动态共享库

动态共享库是指在程序运行时才被加载至内存的库文件，通常也被称为动态库或共享库。在 Linux/Unix 系统中，其文件扩展名通常为.so；在 Windows 系统中为.dll；在 macOS 系统中则为.dylib。与静态库不同，动态共享库在编译时并未嵌入应用程序，而是通过引用链接到程序中。即程序启动时，操作系统借助动态链接器加载所需的动态共享库，并将库中函数的地址解析到程序中，以实现函数调用。

动态共享库具有共享特性，允许多个程序共享同一库的内存空间，从而有效减少内存和磁盘占用，尤其在多个程序依赖相同库时优势显著。此外，动态共享库支持独立更新或替换，无需重新编译依赖它的应用程序。例如，升级库时，仅需替换库文件即可，程序本身保持不变。

以下是动态共享库的主要优点：

- 可执行文件体积较小，因仅包含对库的引用而非具体实现代码。
- 多程序共享同一动态库时，操作系统仅加载一次该库，显著降低内存占用。
- 支持独立维护与更新，替换库文件即可生效，无需重新编译应用程序。

以下是动态共享库的主要缺点：

- 运行时依赖外部动态共享库，若库文件缺失或版本不兼容，可能导致程序崩溃或无法启动。
- 加载动态库会增加程序启动时间，尽管此开销通常对性能影响有限。
- 版本控制可能引发兼容性问题，不同版本的库可能导致“库文件不兼容”错误。

静态库与动态共享库各具优劣，开发者需根据应用程序的具体需求(如性能、部署便利性或维护成本)选择合适的类型。表 6-1 总结了两者的主要区别。

表 6-1

特点	静态库	动态共享库
链接性	编译时链接	运行时链接
扩展名	Linux/Unix：.a Windows：.lib	Linux/Unix：.so Windows：.dll
程序大小	较大	较小

续表

特点	静态库	动态共享库
共享性	不共享	共享
维护性	更新时需要重新编译程序	更新时无需重新编译程序
依赖性	不依赖外部库文件	依赖外部动态共享库文件
内存使用	多程序下，内存使用较大	多程序下，内存使用较小
程序加载性能	无额外的加载开销	有额外的加载开销

6.2 使用 g++传统方式构建静态库和动态库

本节仍先对照性地使用传统 g++编译器生成静态库和动态共享库，并通过链接生成可执行文件。

基于第 2.1 节的实验环境，我们需要准备 Hello.h 头文件和 Hello.cpp 源文件，用于输出“Hello World”。随后，通过 Hello.cpp 分别生成静态库和动态共享库，并调整 main.cpp 以完成链接。

以下是 Hello.h 头文件，Hello.cpp 的文件和 main.cpp 中的代码：

- Hello.h 文件：

```
#pragma once
void Hello();
```

- Hello.cpp 文件：

```
#include "Hello.h"
#include <iostream>
void Hello(){std::cout << "Hello World\n"; }
```

- main.cpp 文件：

```
#include "Hello.h"
int main(){Hello();}
```

生成静态库和动态共享库均可大致分为三个步骤，以下分别介绍。

(1) 生成并链接静态库

①生成目标文件：使用 g++通过-c 选项编译 Hello.cpp，生成目标文件：

```
[root@localhost CMakeLearn]#g++ -c Hello.cpp -o Hello.o
```

②创建静态库：使用 ar 命令将目标文件打包为静态库文件：

```
[root@localhost CMakeLearn]#ar rcs libHello.a Hello.o
```

其中，r 表示替换已有文件，c 表示创建新库，s 生成索引。

③编译并链接静态库：

```
[root@localhost CMakeLearn]#g++ main.cpp -L . libHello.a -o HelloWorld
[root@localhost CMakeLearn]# ./HelloWorld
Hello World
```

上述命令中的-L 用来指定库文件的搜索路径，符号“.”表示当前路径。libHello.a 是我们自定义的静态库文件名称(通常来说这是标准静态库文件的命名方式)。 -o HelloWorld 表示输出的二进制文件名是 HelloWorld。最后执行 HelloWorld 会进行输出。

其次，g++还有一个 l(小写的 L)的参数，可以自动识别 libHello.a 文件。它可以将 libHello.a 简写为-l Hello。-L 和-l 参数可以不加空格，直接写路径和库文件名。为了便于理解，笔者通常会加一个空格。参考代码如下：

```
[root@localhost CMakeLearn]#g++  main.cpp -L . -l Hello -o HelloWorld
```

到这里有三个问题，值得我们深入地去思考一下。

- 如果有多个库文件应该怎么写?
- 如果库和库之间有依赖关系，应该怎么写?
- 头文件又是怎么处理的?

下面依次来解决这三个问题。

①多个库文件的写法。若多个库位于不同路径，需多次使用-L 指定路径，参考代码如下：

```
[root@localhost CMakeLearn]#g++ main.cpp -L <路径 1>  -l<库名 1>  -l<库名 2> -o HelloWorld
```

在中大型项目中，若库数量多且路径复杂，g++命令维护将变得繁琐。

②库和库之间依赖关系的处理。若 libA.a 依赖 libB.a，需确保依赖顺序正确，-l B 置于-l A 后，参考代码如下：

```
g++ main.cpp -o main -L./libs -l A -l B
```

而使用第三方库时，依赖关系通常由其提供的 CMakeLists.txt 或.cmake 脚本定义，无需手动指定。

③关于头文件路径处理。g++默认在当前目录查找头文件。若头文件位于其他路径，可通过以下方法解决：修改代码中的#include，如#include "/opt/Hello.h"(不推荐)；使用-I 选项指定路径，参考代码如下：

```
g++ -I /opt main.cpp -L . -l Hello -o HelloWorld
```

当然对于头文件众多的大型项目，-I 选项维护同样不便。

(2) 生成并链接动态共享库

①生成目标文件。通过-c 选项，生成.o 文件，和静态库一样。-fPIC 是必选项，这一组参数表示编译器生成的目标文件能够在内存中的任何位置被加载。

```
[root@localhost CMakeLearn]#g++ -fPIC -c file1.cpp -o file1.o
```

②创建动态共享库。使用 g++将目标文件链接为动态共享库：

```
[root@localhost CMakeLearn]#g++ -shared -o libfile1.so file1.o
```

上述命令中，-shared 选项表示生成的是动态共享库文件，-o 指定动态共享库文件的名称。

③编译并链接动态共享库。使用 g++将 main.cpp 与动态库链接(项目中，若出现共享库找不到的问题，那么需要设置相关的环境变量)：

```
[root@localhost CMakeLearn]#g++ main.cpp -L. libfile1.so -o HelloWorld
```

上述操作仅适用于 Linux 环境下的 g++构建，且仅展示了 g++的部分功能。对于跨平台构建，g++命令无法直接适配。此外，中大型项目涉及更多源文件、库文件及复杂依赖关系，需处理版本控制、头文件管理等需求，这些都是 g++无法胜任的。

综上所述，g++适合小型项目快速构建，但对于追求可移植性、可维护性和复杂性管理的中大型项目，CMake 是更优选择。

6.3 Linux 下构建静态库

6.3.1 环境准备

首先，在 CMakeLearn 目录下创建一个 lib 目录，用来存放库文件的源代码。在 lib 目录下创建三个文件，分别是 HelloWorld.cpp、HelloWorld.h 和 CMakeLists.txt 文件。部分目录树结构如下：

```
[root@localhost CMakeLearn]# tree
.
├── build
├── CMakeLists.txt
├── lib
│   ├── CMakeLists.txt
│   ├── HelloWorld.cpp
│   └── HelloWorld.h
└── src
    ├── CMakeLists.txt
    └── main.cpp
```

在 HelloWorld.h 中声明 void HelloFunc()函数，参考代码如下：

```
#pragma once
void HelloFunc();
```

在 HelloWorld.cpp 实现 void HelloFunc()函数，参考代码如下：

```
#include "HelloWorld.h"
#include <iostream>
void HelloFunc(){
    std::cout << "Hello World" << std::endl;
}
```

在 main.cpp 中调用 HelloFunc()函数，参考代码如下：

```
#include "HelloWorld.h"
int main(){
    HelloFunc();
}
```

6.3.2 构建静态库文件

在本小节至第 6.3.4 节中，我们将基于上述实验环境，使用 CMake 完成静态库文件的构建并生成二进制可执行文件。本小节首先聚焦于静态库文件的构建流程。

无论是构建静态库还是动态共享库，CMake 均使用 add_library()命令，其基本语法格式如下(详细参数说明见附录 1):

```
add_library(<name> [STATIC | SHARED | MODULE | OBJECT | INTERFACE]
[EXCLUDE_FROM_ALL] [<source>...] IMPORTED)
```

为构建静态库，建议在 lib 目录下的 CMakeLists.txt 文件中编写相关命令。因与源代码位于同一目录，无需额外指定路径。参考命令如下:

```
add_library(HelloFunc STATIC HelloWorld.cpp)
```

在上述代码中，HelloFunc 是最终生成的静态库文件的文件名。STATIC 关键字表明生成的是静态库。如果要生成动态共享库可以使用 SHARED 关键字。HelloWorld.cpp 则是该路径下的源代码，源代码可以写多个。

生成完成后 CMake 会自动加上.a 的后缀，同时在文件名的前面加上 lib。最终生成的静态库的文件名为 libHelloFunc.a。

在项目根目录(最外层)，也就是 CMakeLearn 目录下的 CMakelists.txt 中，需要加入 lib 子目录。部分代码如下:

```
project(HelloWorld)
add_subdirectory(lib)
add_subdirectory(src)
```

以下是 build 路径下进行构建的输出:

```
[root@localhost build]# cmake ..
[root@localhost build]# make
```

```
/opt/CMakeLearn/src/main.cpp:1:24: fatal error: HelloWorld.h: No such file or directory
 #include "HelloWorld.h"
```

从上述输出可见，cmake 命令执行成功，生成了构建系统；但在执行 make 生成二进制可执行文件时，报错提示 main.cpp 无法找到 HelloWorld.h 头文件。下一小节将针对此问题进行分析与解决。

6.3.3 链接头文件

在使用 make 命令生成二进制可执行文件时，报错提示无法找到 HelloWorld.h 头文件。为解决此问题，通常有以下三种方法。

(1) 修改源代码中的头文件路径

基于第 6.3.1 节的路径结构，可将 main.cpp 中的头文件引用修改为：

```
#include "../lib/HelloWorld.h"
```

此方法可行，因其明确指定了 HelloWorld.h 在 lib 目录下的相对路径。然而，这并非推荐做法，原因如下：

- 项目移植时，若目录结构发生变化，需逐一调整源代码中的路径，维护成本高。
- 在中大型项目中，涉及多个头文件和复杂目录结构时，修改所有#include 路径将显著增加工作量且易出错。

(2) 利用 CMake 的 include_directories()命令

该命令用于指定头文件搜索路径，其语法格式如下(详细说明见附录 1)：

```
include_directories([AFTER|BEFORE] [SYSTEM] dir1 [dir2 ...])
```

此命令应编写在 src 目录下的 CMakeLists.txt 文件中，因 main.cpp 位于该目录且需访问头文件。include_directories()与 add_executable()之间无严格先后顺序，只要声明即可在 make 时生效。参考代码如下：

```
include_directories(../lib/)
add_executable(${PROJECT_NAME} main.cpp)
```

上述代码指定../lib/为头文件搜索路径，使 CMake 能在 lib 目录下找到

HelloWorld.h。

若多次使用 include_directories()，CMake 默认按从下往上的顺序搜索路径。参考命令如下：

```
include_directories(/lib64/include)
include_directories(/new/include)
```

上述命令中，CMake 先搜索/new/include 下的头文件，然后再搜索/lib64/include 下的头文件。如果要调整命令搜索的先后顺序，除了把上述两条命令的顺序交换外，还可以使用 AFTER 或 BEFORE 关键字。AFTER 是后搜索(优先级较低)，BEFORE 是先搜索(优先级较高)。参考命令如下：

```
include_directories(/lib64/include)
include_directories(AFTER /new/include)
```

此时，搜索顺序为/lib64/include 优先于/new/include。同时更复杂的场景配置如下：

```
include_directories(/first/path)
include_directories(AFTER /second/path)
include_directories(BEFORE /third/path)
```

搜索顺序为：/third/path → /first/path → /second/path。BEFORE 赋予最高优先级，AFTER 则置于较低优先级，便于精确控制路径选择，避免头文件冲突。这些关键字可以帮助我们更精确地控制目录的搜索顺序，尤其在涉及多个目录时，可以避免不必要的冲突，帮助我们优先选择需要的头文件路径。

需要注意的是，include_directories()影响的是当前 CMakeLists.txt 文件以及它包含的子目录中的所有目标(targets)。如果在子目录中设置了不同的 include_directories()，那么这些设置会在该子目录的作用域内覆盖父目录的设置。所以在 CMake 中，更推荐使用 target_include_directories()命令来包含头文件。

(3) 利用 CMake 的 target_include_directories()命令

CMake 提供 include_directories()和 target_include_directories()命令用于指定头文件搜索路径。相较之下，target_include_directories()允许更精确地控制特定目标的包含路径，避免全局影响。其语法格式如下(详细参数见附录 1)：

```
target_include_directories(<target> [SYSTEM] [BEFORE] <INTERFACE|PUBLIC|PRIVATE>
[items1...] [<INTERFACE|PUBLIC|PRIVATE> [items2...] ...])
```

下面是调整 src 目录下的 CMakeLists.txt 文件中的配置。参考命令如下:

```
add_executable(${PROJECT_NAME} main.cpp)
target_include_directories(${PROJECT_NAME} PRIVATE ../lib/)
```

上述命令中:

- target_include_directories()必须置于 add_executable()之后,否则会因目标未定义而报错。
- PRIVATE 关键字表示仅${PROJECT_NAME}使用../lib/路径,其依赖目标无法继承此路径。若改为 PUBLIC,${PROJECT_NAME}及其依赖均可使用该路径。若改为 INTERFACE,${PROJECT_NAME}不使用该路径,但其依赖可使用。

语法格式中的 SYSTEM 和 BEFORE 的用法与 include_directories()一致,用于调整系统头文件或搜索顺序。

此命令增强了模块化管理,避免全局路径设置的副作用。使用 PUBLIC 或 INTERFACE 时需谨慎,因其可能增加依赖复杂性,影响构建效率或兼容性。CMake 推荐此目标级命令,以清晰表达依赖关系。

当配置头文件路径后,执行 make 时,还会一个出现新报错:

```
CMakeFiles/HelloWorld.dir/main.cpp.o: In function `main':
main.cpp:(.text+0x5): undefined reference to `HelloFunc()'
collect2: error: ld returned 1 exit status
make[2]: *** [src/HelloWorld] Error 1
make[1]: *** [src/CMakeFiles/HelloWorld.dir/all] Error 2
make: *** [all] Error 2
```

报错表明链接器无法找到 HelloFunc()函数的定义。原因在于,虽已指定头文件路径,但未链接静态库 libHelloFunc.a,导致符号未解析。

6.3.4 链接静态库文件

为解决 HelloFunc()函数未定义的报错,需使用 CMake 的 target_link_libraries()

命令链接静态库。其语法格式如下(详细参数见附录 1):

```
target_link_libraries(<target> <library1> <library2> ... [<options>])
```

target_link_libraries()命令将一个或多个库(静态库、动态库或其他目标)链接到指定目标(如可执行文件或共享库)，是 CMake 构建过程中的核心步骤，尤其在复杂项目中至关重要。

基于第 6.3.1 节的目录结构，首先需要思考的是在哪个 CMakeLists.txt 文件中使用 target_link_libraries()命令。从报错信息中可知是 main.cpp 中找不到 HelloFunc()函数，所以应该在 src 目录下的 CMakeLists.txt 文件中编写该命令。而 HelloFunc()函数是在 libHelloFunc.a 这个静态库文件中。

因此，src 目录下的 CMakeLists.txt 文件中的部分配置如下。参考命令如下:

```
add_executable(${PROJECT_NAME} main.cpp)
target_link_libraries(${PROJECT_NAME}PRIVATE/opt/CMakeLearn/
build/lib/libHelloFunc.a)
target_include_directories(${PROJECT_NAME} PRIVATE ../lib/)
```

在上述命令中，target_link_libraries()命令将二进制文件${PROJECT_NAME}，链接到/opt/CMakeLearn/build/lib/libHelloFunc.a 目录下，增加了 PRIVEATE 关键字，可以让${PROJECT_NAME}的依赖目标不会使用该路径下的静态库文件。

完成后进行构建，编译和执行测试。确保可以执行成功。部分操作和输出如下:

```
[root@localhost build]# cmake ..
[root@localhost build]# make
[root@localhost build]# make install
[root@localhost build]# src/HelloWorld
Hello World
```

需要注意的是，在使用 target_link_libraries()等命令时，一定是写在 add_executable()或 add_library()等命令后面的。这主要是和 CMake 的处理顺序和依赖关系有关。因为 CMake 需要知道目标是什么，然后才能在此基础上添加库的链接。

6.3.5 设置目标文件的属性

为进一步优化构建流程，可使用 set_target_properties()命令调整由 add_executable()或 add_library()生成的目标(二进制可执行文件或库文件)的属性。这些属性包括文件名、输出路径、前缀名、后缀名等。其语法格式如下(详细参数见附录 1):

```
    set_target_properties(target1 [target2 ...] PROPERTIES PROPERTY1 value1
PROPERTY2 value2 ...)
```

PROPERTIES 有多个关键字可以使用，以下是对该命令部分用法的举例(这些关键字必须要大写)。

(1) 修改二进制可执行文件的名称

src 路径下 CMakeLists.txt 文件的部分内容，参考命令如下:

```
add_executable(${PROJECT_NAME} main.cpp)
set_target_properties(${PROJECT_NAME} PROPERTIES OUTPUT_NAME "HelloCMake")
```

上述命令中，关键字 PROPERTIES 是必须要写的，OUTPUT_NAME 关键字用于设置目标的输出名称，即修改二进制可执行文件的名称为 HelloCMake。

(2) 修改库文件的前缀或后缀名称

src 路径下 CMakeLists.txt 文件的部分内容，参考命令如下:

```
add_library(HelloFunc SHARED HelloWorld.cpp)
set_target_properties(HelloFunc PROPERTIES PREFIX "")
```

上述 set_target_properties 命令使用的 PREFIX 关键字用于设置目标的前缀，双引号内容为空，表示去掉 lib 前缀。

默认情况下使用 add_library()命令生成的库文件(含静态库和动态共享库)的文件名前面都会自动添加 lib 前缀。如在第 6.3.2 节中生成的静态库文件 HelloFunc，实际生成的文件名是 libHelloFunc.a。如果不想在实际生成的文件名前自动添加 lib 前缀，则可以使用 PREFIX 关键字。如果想修改后缀可以使用 SUFFIX 关键字。

(3) 定义库文件的版本号

如果要定义目标的版本号可以使用 VERSION 关键字，参考命令如下：

```
add_library(HelloFunc SHARED HelloWorld.cpp)
set_target_properties(HelloFunc PROPERTIES VERSION 1.0.0)
```

上述命令将静态库文件的版本号定义为 1.0.0 版本。

观察实际生成的文件，可发现生成了两个文件。一个是带版本号的源文件 HelloFunc.so.1.0.0。另一个是 HelloFunc.so 的软链接，其链接到了 HelloFunc.so.1.0.0。使用这种可免于频繁地修改相关文件中的库文件名。

```
[root@localhost build]# ll lib/
lrwxrwxrwx. 1 root root   18  Dec 31 18:39 HelloFunc.so -> HelloFunc.so.1.0.0
-rwxr-xr-x.  1 root root  8720  Dec 31 18:39 HelloFunc.so.1.0.0
```

如果想给软链接也定义一个版本号，可以使用 SOVERSION 关键字。定义共享库接口的版本号，参考命令和输出如下：

```
add_library(HelloFunc SHARED HelloWorld.cpp)
set_target_properties(HelloFunc PROPERTIES VERSION 1.0.0)
set_target_properties(HelloFunc PROPERTIES SOVERSION 1)
# 输出：
lrwxrwxrwx. 1 root root   14 Dec 31 18:51 HelloFunc.so -> HelloFunc.so.1
lrwxrwxrwx. 1 root root   18 Dec 31 18:51 HelloFunc.so.1 -> HelloFunc.so.1.0.0
-rwxr-xr-x. 1 root root 8720 Dec 31 18:51 HelloFunc.so.1.0.0
```

(4) 生成带后缀的 debug 版本

如果生成的二进制可执行文件是 debug 版本，实际项目中往往会添加一个后缀以示说明。参考命令如下：

```
add_executable(${PROJECT_NAME} main.cpp)
set_target_properties(${PROJECT_NAME} PROPERTIES DEBUG_POSTFIX "_d")
```

上述命令使用 DEBUG_POSTFIX 关键字来给 debug 版本添加后缀名，将在生成的 debug 版本二进制可执行文件名的结尾处添加_d 的后缀。

(5) 指定库文件(静态库或动态共享库)以及二进制可执行文件的输出路径

如果没有手动指定这些文件的输出路径，那么这些路径存储在以下三个内置变量中。使用 set()命令可以修改这些内置变量的值，就可以修改库文件以及二进制文件的输出路径。

- ARCHIVE_OUTPUT_PATH：静态库的输出路径。
- LIBRARY_OUTPUT_PATH：动态共享库的输出路径。
- EXECUTABLE_OUTPUT_PATH：二进制可执行文件的输出路径。

如果有多个库文件,我们想指定其中的某一个库文件输出到一个特定的位置。则可以使用 set_target_properties()中的以下三个关键字:

- ARCHIVE_OUTPUT_DIRECTORY：设置静态库的输出目录。
- LIBRARY_OUTPUT_DIRECTORY：设置动态库的输出目录。
- RUNTIME_OUTPUT_DIRECTORY：设置可执行文件的输出目录。

设置静态库文件的输出目录，参考命令如下:

```
add_library(HelloFunc STATIC HelloWorld.cpp)
set_target_properties(HelloFunc  PROPERTIES  ARCHIVE_OUTPUT_DIRECTORY"/
opt/CMakeLearn")
```

上述命令是设置静态库文件的输出目录到/opt/CMakeLearn 下。

(6) 同时修改目标的多个属性

CMakeLists.txt 文件的部分内容，参考命令如下:

```
set_target_properties(HelloFunc  PROPERTIES  ARCHIVE_OUTPUT_DIRECTORY
"/opt/CMakeLearn" PREFIX "")
```

上述命令是在一个 set_target_properties()命令中，修改目标的多个属性。它同时修改了输出路径并去掉前缀 lib。

set_target_properties()命令提供了对构建目标的高度控制，使得开发者能够根据需要定制输出和编译行为。当然除了上述介绍的列子外，还可以使用 COMPILE_FLAGS 关键字给目标添加编译标志，使用 LINK_FLAGS 为链接过程添加关键字等。

6.4 Linux 下构建动态共享库

在构建动态共享库时，使用的命令及方法和静态库几乎是一致的，仅需修改几个关键字即可。

基于第 6.3.1 节目录结构和配置构建动态共享库，主要有以下几步。

①CMakeLearn 目录下 CMakeLists.txt 文件和构建静态库是一致的，无需修改。

②lib 目录下的 CMakeLists.txt 文件中 add_library()命令，需修改其关键字 STATIC 为 SHARED。同时，这里还修改了属性，去掉 lib 前缀并设置版本号，参考命令如下:

```
add_library(HelloFunc SHARED HelloWorld.cpp)
set_target_properties(HelloFunc PROPERTIES PREFIX "")
set_target_properties(HelloFunc PROPERTIES VERSION 1.0.0)
```

③src 目录下的 CMakeLists.txt 文件中 target_link_libraries()链接库名，修改为 HelloFunc.so。参考命令如下:

```
target_link_libraries(${PROJECT_NAME} PRIVATE
/opt/CMakeLearn/build/lib/HelloFunc.so)
```

④进入 build 路径下，使用 cmake..，make 和 make install 命令进行构建，编译和安装。

⑤进行最后的测试。

```
[root@localhost src]# cd /opt/CMakeLearn/build/src/
[root@localhost src]# ./HelloWorld
Hello World
```

细心的读者可能会发现一个小问题，那就是在执行 HelloWorld 二进制程序的时候，我们执行的是当前路径下的 HelloWorld 程序，而不是安装在系统路径(/usr/local/bin/)下的 HelloWorld 程序。

当我们执行系统路径下的 HelloWorld 程序时，就会出现如下报错:

```
[root@localhost src]# HelloWorld
HelloWorld: error while loading shared libraries: HelloFunc.so: cannot open shared object file: No such file or directory
```

报错也很明确，就是找不到 HelloFunc.so 这个动态共享库。

对此，可以使用 ldd 命名分别查看当前路径下(/opt/CMakeLearn/build/src)的二进制 HelloWorld 文件和系统路径(/usr/local/bin/)下二进制 HelloWorld 文件，部分输出如下：

```
[root@localhost src]# ldd ./HelloWorld
libHelloFunc.so => /opt/CMakeLearn/build/lib/HelloFunc.so(0x00007fb3cc6b6000)
[root@localhost src]# ldd /usr/local/bin/HelloWorld
HelloFunc.so => not found
```

以上信息同样提示未找到 HelloFunc.so 这个动态库文件。

对此，通常将 HelloFunc.so 文件安装到系统环境变量/usr/lib64/路径中即可。因为动态共享库文件 HelloFunc.so 是基于在 lib 路径下的 CMakeLists.txt 文件来实现，所以安装也应该在该文件下进行安装。这里使用了 LIBRARY 关键字，显式地指明了是动态共享库。参考命令如下：

```
install(TARGETS HelloFunc LIBRARY DESTINATION /usr/lib64/)
```

安装成功后，即可在系统中使用 HelloWorld 程序。

```
[root@localhost build]# HelloWorld
Hello World
```

6.5 Windows 下构建静态或动态共享库

使用 Visual Studio 构建静态库或动态共享库，只需要在新建项目时选择新建动态链接库(DLL)或静态库。如图 6-1 所示。

若创建的是静态库，那么会自动产生 pch.h、pch.cpp 和 framework.h。如果创建的是动态共享库，还会额外产生一个 dllmain.cpp 文件。图 6-2 创建的是动态共享库。

图 6-1

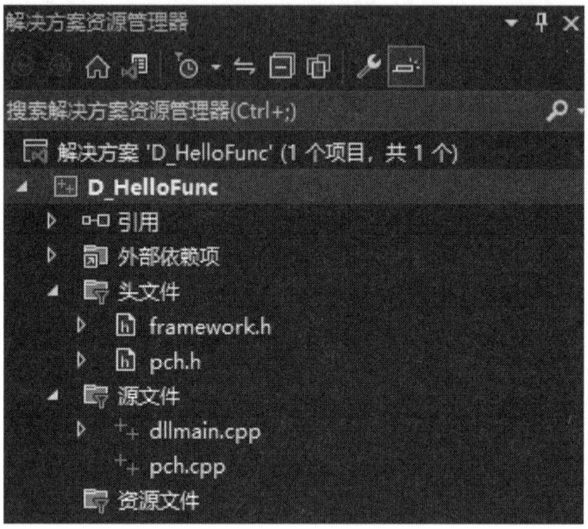

图 6-2

Visual Studio 自动生成的这几个文件对构建静态库文件或动态共享库文件都只是辅助作用。以下进行简单的说明：

- pch.h：预编译头文件(Precompiled Header)，用于包含常用头文件。预编译后可显著减少重复编译开销，提升构建速度。
- pch.cpp：预编译头文件的实现文件。这个文件通常只包含一行代码，即 #include "pch.h"。它的作用是触发预编译头文件的编译。
- framework.h：框架头文件。这是 Visual Studio 为 Windows 项目准备的一个标准头文件，包含了一些常用 Windows SDK 头文件。
- dllmain.cpp：它通常包含 DllMain 函数，这是 DLL 的入口点。DllMain 函数在 DLL 被加载、卸载、线程附加或分离时被操作系统调用。其可以执行 DLL 加载时的初始化操作(如分配内存，设置全局变量等)，以及 DLL 卸载时的清理工作(如释放内存，关闭文件句柄等)。对于多线程应用程序，DllMain 可以用于处理线程的附加和分离，这有助于确保线程安全性。

上述文件仅为开发便利而设计，非生成库的必需品。因此，我们可删除全部自动生成的文件，转而创建 HelloFunc.cpp 和 HelloFunc.h，以专注于核心功能实现。具体实现见图 6-3。

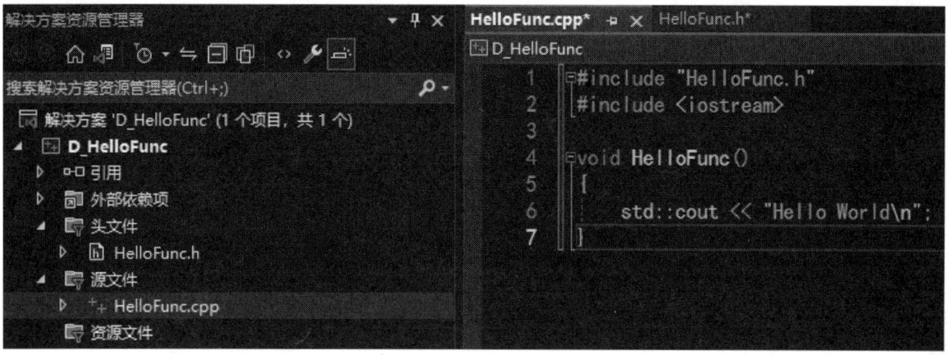

图 6-3

删除了预编译头文件后，需要在项目的属性页面中将预编译头输出文件设置为空，如图 6-4 所示。

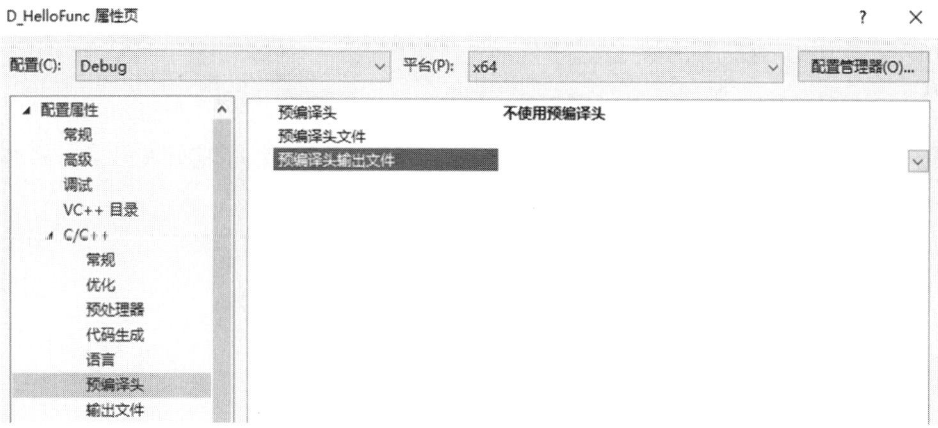

图 6-4

无论是静态库还是动态共享库，都可使用该方法生成。最后右键点击项目名称并选择生成。成功后，就可以在默认路径下找到生成的库文件，即

D_HelloFunc.dll 文件，参考图 6-5。

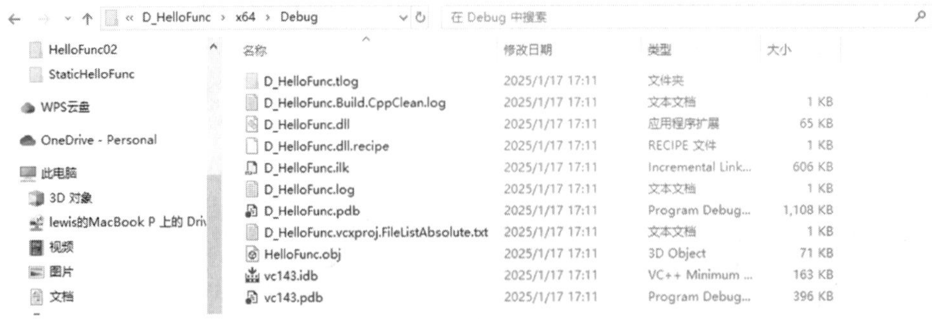

图 6-5

在 Windows 中使用 CMake 调用静态库或动态共享库时，可能会遇到找不到库文件的报错(即使文件路径设置是正确的)。因此建议通过 C/C++代码来实现库的调用(使用 Windows API 动态加载和调用函数)。

6.6 本章小结

本章主要围绕静态库与共享库的基本概念、创建方法及其在不同操作系统下的实践进行了讲解。通过理论结合实际操作，使读者能够全面理解并掌握两种库的构建与使用方法。

在具体实现方面，本章详细介绍了使用 CMake 跨平台构建系统创建静态库和共享库的方式，并通过静态库与共享库的实际对比，总结了它们在开发与部署中的适用场景。

第7章 构建第三方库

在实际项目开发中，经常需要集成第三方库。当我们编写的库被其他开发者作为第三方库使用时，他们需要了解库的头文件名称及其所在路径、库文件的名称及其路径，并将这些信息配置在 CMakeLists.txt 文件中。然而，当相同的代码被移植到另一台机器上时，这些路径可能会发生变化，导致配置失效。

在本章中，我们将探讨如何将构建完成的静态库文件配置为可供其他开发者使用的形式，并介绍相关的最佳实践。

7.1 find_package()命令工作过程

find_package()命令是一种标准化的方法，用于查找和配置外部库及工具。开发者无需手动指定头文件或库文件的具体路径，find_package()命令会自动完成查找工作。通过统一的语法和逻辑，find_package()命令能够方便地管理各类第三方库(有关 find_package()命令的详细参数，参见附录 1)。

其语法格式如下：

```
find_package(<PackageName> [version] [EXACT] [QUIET] [MODULE] [REQUIRED]
[[COMPONENTS] [components...]] [OPTIONAL_COMPONENTS components...]
[NO_POLICY_SCOPE])
```

find_package()命令是 CMake 中用于查找和配置外部库或工具的核心功能，其工作过程主要分为两种模式：模块模式(Module Mode)和配置模式(Config

Mode)。无论采用哪种模式，CMake 通常都会依赖以.cmake 结尾的脚本文件来完成配置。如何编写这些脚本文件，将在后续内容中详细介绍。

(1) 模块模式(Module mode)

在模块模式下，CMake 会根据内置变量 CMAKE_MODULE_PATH 中定义的路径查找名为 Find<PackageName>.cmake 的脚本文件，其中<PackageName>通常为第三方库或自定义库的名称。默认情况下，CMAKE_MODULE_PATH 变量为空，因此需要用户手动设置以包含自定义查找路径。

如果 CMake 成功找到 Find<PackageName>.cmake 脚本文件，它会执行其中的代码。这些脚本通常会设置以下变量：

<PackageName>_INCLUDE_DIRS：指定头文件的路径。

<PackageName>_LIBRARIES：指定库文件的路径。

<PackageName>_FOUND：指示是否成功找到库及其组件。

当所有必需组件均被找到时，<PackageName>_FOUND 变量将被设置为 TRUE，否则为 FALSE。

(2) 配置模式(Config mode)

如果模块模式未能找到 Find<PackageName>.cmake 脚本文件或所需库，CMake 会自动切换至配置模式。配置模式是当前更为常用的方式，因为它无需手动设置 CMAKE_MODULE_PATH，而是由库开发者提供的配置文件自动完成查找。CMake 会在系统路径(如 CMAKE_PREFIX_PATH 或标准安装路径)中搜索以下文件：

<PackageName>Config.cmake：采用首字母大写的包命名方式，例如 HelloFuncConfig.cmake。此文件通常与 CMake 的导入目标(Imported Targets)结合使用，推荐在 CMake 3.0 及以上版本中使用，以提供更现代化和一致的包管理方式。

<lower-case-package-name>-config.cmake：采用全小写字母和连字符的命名方式，例如 hellofunc-config.cmake。此命名方式主要用于兼容早期 CMake 版本(如 2.6～2.8)或某些老旧的第三方库。

这些配置文件通常由库开发者维护，包含头文件路径、库文件路径等关键信息，以确保其他开发者的项目能够正确链接到第三方库。

①配置文件的查找顺序。在配置模式下，CMake 遵循特定的查找顺序以确保

正确识别配置文件。这种顺序的设计兼顾了模块模式与配置模式的优先级，并考虑了不同命名规范的兼容性。具体的查找顺序如下：

- 首先尝试查找 Find<PackageName>.cmake(模块模式)；
- 如果未找到，则查找<PackageName>Config.cmake(配置模式)；
- 最后查找<lower-case-package-name>-config.cmake(配置模式)；

为最大程度提高兼容性，部分第三方库会同时提供上述类型的脚本文件。

②版本的配置文件。版本配置文件是配置模式的重要补充，用于管理库的版本兼容性。它们与主配置文件搭配使用，为 CMake 提供了一种机制来验证请求的库版本是否与实际安装的版本一致。版本配置文件包括：

<PackageName>ConfigVersion.cmake：用于首字母大写命名方式；

<lower-case-package-name>-config-version.cmake：用于全小写命名方式。

这些版本配置文件主要用于处理库的版本兼容性检查，确保请求的库版本与实际安装的版本匹配。

7.2 模块模式(Module mode)

7.2.1 环境准备

基于第 6.3.1 节的目录结构，假设已生成静态库文件 HelloFunc.a 并将其放置于 lib 目录下。为支持第三方库的查找，创建一个 cmake 目录，并在该目录中创建 CMake 模块脚本文件。由于静态库的名称为 HelloFunc.a，对应的模块脚本文件命名为 FindHelloFunc.cmake。最终的目录树结构如下：

```
[root@localhost CMakeLearn]# tree
.
├── build
├── cmake
│   └── FindHelloFunc.cmake
├── CMakeLists.txt
├── COPYRIGHT
├── lib
│   └── HelloFunc.a
```

```
├── README
└── src
    ├── CMakeLists.txt
    └── main.cpp
```

在项目根目录 CMakeLearn 下的 CMakeLists.txt 文件仅需以下三行代码，用于指定最低 CMake 版本、定义项目名称以及包含子目录:

```
cmake_minimum_required(VERSION 3.31)
project(HelloWorld)
add_subdirectory(src)
```

7.2.2 CMakeLists.txt 文件编写

在 CMake 的模块模式(Module Mode)下，通过 find_package()命令查找库文件通常分为以下三个步骤:

- 设置 CMAKE_MODULE_PATH 变量以指定模块脚本路径。
- 使用 find_package()命令启动库文件查找。
- 判断库文件是否成功找到，并分别定义找到和未找到时的处理逻辑。

(1) 设置 CMAKE_MODULE_PATH 的路径

在模块模式下，CMake 会根据 CMAKE_MODULE_PATH 变量指定的路径查找 Find<PackageName>.cmake 脚本文件。因此，第一步是配置 CMAKE_MODULE_PATH，以确保 CMake 能够找到自定义的模块脚本文件，例如 FindHelloFunc.cmake。在 src 目录下的 CMakeLists.txt 文件中，添加以下配置:

```
set(CMAKE_MODULE_PATH ${CMAKE_MODULE_PATH} "${CMAKE_SOURCE_DIR}/ cmake")
```

上述代码使用了内置变量 CMAKE_SOURCE_DIR，其值指向项目根目录(即最顶层 CMakeLists.txt 文件所在的路径)。在本例中，项目根目录为/opt/CMakeLearn，则 CMAKE_SOURCE_DIR 的值为/opt/CMakeLearn。与之相对的变量 CMAKE_CURRENT_SOURCE_DIR 表示当前 CMakeLists.txt 文件所在的路径，即/opt/CMakeLearn/src。这两个变量在 CMake 中极为实用，因为它们会根据项目目录结构动态调整，支持灵活的路径管理，避免使用硬编码路径。

上述命令的定义是将变量被赋值为一个列表，包含两个元素:

${CMAKE_MODULE_PATH}: 保留 CMAKE_MODULE_PATH 的现有值(若未设置，则为空列表)。

"${CMAKE_SOURCE_DIR}/cmake"：添加新的路径，指向 cmake 目录(即/opt/CMakeLearn/cmake)，该目录存放 FindHelloFunc.cmake 脚本文件。

CMake 会将这两个值以分号(;)分隔存储为一个列表。如果 CMAKE_MODULE_PATH 此前已有值，新路径会被追加到列表末尾。这种列表操作方式允许开发者动态扩展查找路径，保持配置的灵活性。

(2) 使用 find_package()启动库文件查找

在配置好 CMAKE_MODULE_PATH 后，使用 find_package()命令查找目标库。在 src 目录下的 CMakeLists.txt 文件中，添加以下配置:

```
find_package(HelloFunc REQUIRED)
```

上述命令指示 CMake 查找 HelloFunc 库，并使用 REQUIRED 关键字确保如果库未找到，CMake 将报错并终止配置。find_package(HelloFunc) 会根据 CMAKE_MODULE_PATH 中的路径查找 FindHelloFunc.cmake 脚本文件。成功找到后，该脚本通常会设置变量，如 HelloFunc_INCLUDE_DIRS(头文件路径)和 HelloFunc_LIBRARIES(库文件路径)。

关于 find_package()支持的更多参数，详见附录 1。在本例中，使用了最简单的形式，仅指定库名和 REQUIRED 参数。

(3) 判断库文件是否找到

在调用 find_package()后，需要检查库是否成功找到。在 src 目录下的 CMakeLists.txt 文件中，添加以下配置:

```
if(HelloFunc_FOUND)
    add_executable(${PROJECT_NAME} main.cpp)
    target_include_directories(${PROJECT_NAME} PRIVATE ${HelloFunc_ INCLUDE_DIRS})
    target_link_libraries(${PROJECT_NAME} ${HelloFunc_LIBRARIES})
else()
    message(FATAL_ERROR "HelloFunc library not found")
endif()
```

上述代码会检查 HelloFunc_FOUND 变量:

- 如果 HelloFunc_FOUND 为 TRUE，表示库已找到，CMake 将继续配置:
  - 使用 add_executable()创建可执行文件，名称由 PROJECT_NAME 变量指定(在本例中为 HelloWorld)。
  - 使用 target_include_directories() 设置头文件路径，引用 HelloFunc_INCLUDE_DIRS。
  - 使用 target_link_libraries()链接库文件，引用 HelloFunc_LIBRARIES。
- 如果 HelloFunc_FOUND 为 FALSE，则通过 message(FATAL_ERROR ...)终止配置并输出错误信息。

需要注意的是，HelloFunc_INCLUDE_DIRS 和 HelloFunc_LIBRARIES 变量的值依赖于 FindHelloFunc.cmake 脚本的定义。如果该脚本尚未编写或未正确设置这些变量，CMake 构建将失败。

7.2.3 Find<PackageName>.cmake 脚本文件编写

CMake 脚本文件(以.cmake 为后缀)使用 CMake 语言编写，其语法与 CMakeLists.txt 一致，主要用于定义构建过程中的配置和操作。根据第 7.2.1 节的内容，本例中脚本文件命名为 FindHelloFunc.cmake，用于查找 HelloFunc 库及其相关资源。脚本内容主要包括以下三大块。

(1) 使用 find_path()查找头文件路径

find_path()命令用于查找指定文件或目录，并将路径存储到变量中(详细参数参见附录 1)。其基本语法如下:

```
find_path(<VAR> <name> [PATHS path1 path2 ...] [NAMES <names>]
          [HINTS <path>] [PATH_SUFFIXES <suffix1> <suffix2> ...]
          [REQUIRED] [OPTIONAL])
```

在 FindHelloFunc.cmake 中，配置 find_path()以查找 HelloWorld.h 头文件，参考代码如下:

```
find_path(HelloFunc_INCLUDE_DIRS
          NAMES HelloWorld.h
          HINTS $ENV{HelloWorld_H}
          PATHS /usr/include /usr/local/include/
```

```
        REQUIRED)
```

上述命令中，变量名 HelloFunc_INCLUDE_DIRS 需要和第 7.2.2 节中 target_include_directories()命令的变量名相符，该变量中存储了头文件的路径。

使用 NAMES 关键字指明了头文件名。在本案例中头文件只有一个，所以 NAMES 关键字可以去掉。如果有多个头文件，那么需要加上 NAMES 关键字。

HINTS 关键字指明需要 find_path()优先查找的路径。$ENV{}是 CMake 引用环境变量的语法。ENV 表示环境变量，花括号内的内容是环境变量的名称。所以在本案例中的 HelloWorld_H 是环境变量名。当 CMake 要解析这个表达式时，首先会查找环境变量 HelloWorld_H 对应的路径，如果找到就赋值给变量 HelloFunc_INCLUDE_DIRS。如果没有找到，会解析一个空的字符串。

在 CMake 脚本中使用环境变量的用法，大大提高了 CMake 脚本的灵活性。特别是在跨平台上使用相同的环境变量名，可以映射出不同的路径，让用户无需修改 CMakeLists.txt 文件和.cmake 的脚本文件，就可以轻松地实现跨平台。

当 HINTS 中没有找到相应的头文件时，find_path()命令会去 PATHS 关键字下的路径进行查找。使用 REQUIRED 关键字，在没有找到头文件时，CMake 会终止构建并抛出异常。在本案例中，我们将 HelloWorld.h 头文件放入到/usr/local/Include/下进行测试。

(2) 使用 find_library()查找库文件路径

find_library()命令用于查找指定名称的库文件(如 .a、.so、.dll 等)，并返回库文件的路径。它通常用于查找外部依赖库，使得 CMake 可以链接这些库到项目中。语法格式如下(关于该命令详细参数见附录 1):

```
find_library(<VAR> <name> [PATHS <path1> [<path2> ...]]
             [PATH_SUFFIXES <suffix1> [<suffix2> ...]]
             [HINTS <hints>] [NAMES <names>]
             [REQUIRED] [OPTIONAL] [NO_DEFAULT_PATH] [CONFIG])
```

同样在本案例中，我们将 HelloFunc.a 库文件放入到/usr/local/lib64/下进行测试。参考命令如下:

```
find_library(HelloFunc_LIBRARIES
             NAMES HelloFunc.a
```

```
        HINTS $ENV{HelloWorld_Lib}
        PATHS /usr/lib64/ /usr/local/lib64/
        REQUIRED)
```

上述命令中的关键字用于和 find_path()名类型进行，以下进行简要说明：

HelloFunc_LIBRARYS：用于存储库文件路径，与后续 target_link_libraries()中使用的变量名一致。

NAMES：指定库名 HelloFunc 和 libHelloFunc，支持 CMake 查找无前缀或带 lib 前缀的库文件(libHelloFunc.a 是 CMake 静态库的默认命名)。

HINTS：优先查找环境变量 HelloWorld_Lib 指定的路径。

PATHS：扩展查找路径至/usr/lib、/usr/local/lib 和/usr/local/lib64，以覆盖常见库安装位置。

REQUIRED：在没有找到头文件时，CMake 会终止构建并抛出异常。

(3) 处理查找结果并设置 HelloFunc_FOUND

在 CMake 中有一个内置模块，我们也可以理解为内置脚本。下面我们需要用到 FindPackageHandleStandardArgs.cmake 内置脚本。这个脚本中提供了一个宏 find_package_handle_standard_args()。这个宏可以帮助我们在 Find<PackageName>.cmake 脚本中简化和标准化自定义头文件和库文件的查找逻辑，并设置 <PackageName>_FOUND 布尔变量的值。

如果需要加载内置脚本或者自定义脚本，我们需要使用到 include()命令。它的作用是将指定的文件包含到当前的 CMake 配置过程中，使得其中的变量、函数、宏等在当前 CMake 中可用。语法格式如下(关于该命令的详细参数见附录 1)：

```
include(<file> [OPTIONAL] [RESULT_VARIABLE <var>] [NO_POLICY_SCOPE])
```

我们在 FindHelloFunc.cmake 中增加 include()命令来调用 CMake 的内置脚本 FindPackageHandleStandardArgs.cmake。因为 include()命令调用的都是.cmake 的脚本文件，所以实际使用时，不需要加后缀名。参考命令如下：

```
include(FindPackageHandleStandardArgs)
```

这里需要说明的是 include()命令查找路径顺序的优先级如下：

①查找内置变量 CMAKE_MODULE_PATH，即用户自定义的模块路径列表。

②查找内置变量 CMAKE_SOURCE_DIR，即第一个 CMakeLists.txt 所在的路径。

③查找内置变量 CMAKE_BINARY_DIR，即当前构建过程的路径

④系统默认模块路径，即 CMake 安装目录的标准模块路径。

在 Linux 或 macOS 下，CMake 安装目录的标准模块路径一般在/usr/local/share/cmake-<version>/Modules/。在 Windows 下，CMake 安装目录的标准模块路径一般在 C:\Program Files\CMake-<version>\share\cmake<version>\Modules。当然，不同的 CMake 版本或操作系统版本可能会有细微的差异，需要读者自己去发现和探索。

find_package_handle_standard_args()宏的核心功能是检查查找包的必需变量是否被正确定义，并根据包的查找结果自动生成日志消息和<PackageName>_FOUND 标志变量，该宏的详细参数说明见附录 1。语法格式如下：

```
find_package_handle_standard_args(<PackageName>
    [REQUIRED_VARS <var1> <var2> ...]
    [VERSION_VAR <version_var>]
    [HANDLE_COMPONENTS <component1> <component2> ...])
```

find_package_handle_standard_args()宏主要做以下四件事情：

- 标准化错误处理：自动生成包查找失败时的错误或警告消息。
- 设置标准的<PackageName>_FOUND 变量：该变量用于指示包是否成功找到。
- 支持 REQUIRED 和 OPTIONAL：能够根据包是否为 REQUIRED 或 OPTIONAL 生成相应的行为。
- 设置版本信息：如果指定了版本号参数，可以自动检查找到的包的版本是否符合要求。

因此 FindHelloFunc.cmake 中的参考配置如下：

```
find_package_handle_standard_args(
    HelloFunc
    REQUIRED_VARS HelloFunc_INCLUDE_DIRS
    HelloFunc_LIBRARIES)
```

上述命令中，使用了 REQUIRED_VARS 关键字说明：如果变量中的内容没有找到会触发错误消息并在 REQUIRED 模式下停止 CMake 的执行。如果用 OPTIONAL_VARS 模式，则不会停止，但会发出警告。

到目前为止，我们已经完成 CMakeLists.txt 和 FindHelloFunc.cmake 文件的编写，可以在 build 路径下使用 cmake 等命令进行构建和编译。在使用 CMake 构建的过程中，我们也可以增加 message()命令，来观察变量的值。

以下是在 src 路径下的 CMakeLists.txt 文件中增加了三个 message()命令的输出，分别观察头文件的路径，库文件的路径以及布尔变量 HelloFunc_FOUND。

```
message(STATUS ${HelloFunc_INCLUDE_DIRS})
message(STATUS ${HelloFunc_LIBRARIES})
message(STATUS ${HelloFunc_FOUND})
# 输出：
-- /usr/local/include
-- /usr/local/lib64/HelloFunc.a
-- TRUE
```

当然，如果作为一个完整的第三方库提供给其他人使用的话，我们还需要完善 README 和 COPYRIGHT 文件。如在 README 文件中需告知用户将 HelloWorld.h 头文件放入/usr/local/include/下，将 HelloFunc.a 库文件放入/usr/local/lib64 下，CMAKE_MODULE_PATH 变量的路径以及两个变量名 HelloFunc_INCLUDE_DIRS 和 HelloFunc_LIBRARIES 等信息。显然，README 中要告知使用者的信息还是太多了，我们需要做进一步优化。

7.2.4 创建导入目标

在第 7.2.2 节中，链接库文件时使用了 target_link_libraries(${PROJECT_NAME} ${HelloFunc_LIBRARIES})命令。其中变量 HelloFunc_LIBRARIES 指明了库文件的路径。而在 CMake3.0 版本之后，有一个更现代的用法，可以写成：

```
target_link_libraries(${PROJECT_NAME} HelloFunc::HelloFunc)
```

双冒号的用法类似 C++中的命名空间，即双冒号的前面为空间名，后面为库名。上述命令中，双冒号前面的 HelloFunc 是空间名，双冒号后面的 HelloFunc 是库名。

要使用双冒号的前提是要创建导入目标(Imported Target)的命名空间和库名，同时要设置该命名空间下库名的属性。其中有两个比较重要的属性就是头文件路径和库文件路径。

要创建导入目标(Imported Target)的命名空间和库名，需要在之前介绍的add_library()命令中使用 IMPORTED 关键字。使用该关键字后该命令就不是创建库了，而是创建导入目标的命名空间和库名。

向 FindHelloFunc.cmake 脚本文件中添加 add_library()命令，参考命令如下：

```
add_library(HelloFunc::HelloFunc STATIC IMPORTED)
```

上述命令中，HelloFunc::HelloFunc 定义了命名空间和目标名称，STATIC 指定了库类型为静态库，IMPORTED 表示该目标引用外部库，而非前项目编译生成。

接着要设置 HelloFunc::HelloFunc 的属性，需使用之前介绍的命令 set_target_properties()。其中关键字 IMPORTED_LOCATION 设置库路径，INTERFACE_INCLUDE_DIRECTORIES 设置头文件路径。

向 FindHelloFunc.cmake 脚本文件中添加 set_target_properties()命令，参考命令如下：

```
set_target_properties(HelloFunc::HelloFunc PROPERTIES
    IMPORTED_LOCATION "${HelloFunc_LIBRARIES}"
    INTERFACE_INCLUDE_DIRECTORIES "${HelloFunc_INCLUDE_DIRS}")
```

注意观察上述命令中使用的库路径变量和头文件路径变量。这里使用的是第 7.2.3 节案例的变量。

当在 FindHelloFunc.cmake 脚本文件中添加了上述代码后，src 目录下的 CMakeLists.txt 文件也要做相应的修改。

修改 target_link_libraries()如下：

```
target_link_libraries(${PROJECT_NAME} HelloFunc::HelloFunc)
```

删除或注释以下两条命令：

```
# target_include_directories(${PROJECT_NAME} PRIVATE ${HelloFunc_INCLUDE_DIRS})
# target_link_libraries(${PROJECT_NAME} ${HelloFunc_LIBRARIES})
```

当删除了以上两条指令后，在 FindHelloFunc.cmake 脚本文件中创建导入目标的优势就显而易见了。当我们把编译完成的库提供给其他人使用时，只需告知使用 target_link_libraries()命令时，用 HelloFunc::HelloFunc 命名空间的形式即可。无需再给出 HelloFunc_INCLUDE_DIRS 和 HelloFunc_LIBRARIES。

在中大型项目中使用大量的第三方库时，命名空间的结构可以帮助解决名称的冲突。这简化了使用该第三方库的人在 CMakeLists.txt 文件上的编写。

实际中的 Find<PackageName>.cmake 可能会比这个实例复杂很多。因为本案例中只是基于 Linux 平台。如果要考虑到支持 Windows 的平台，首先要在 Windows 平台生成 HelloFunc.lib 文件，然后在 FindHelloFunc.cmake 文件中的 HelloFunc_INCLUDE_DIRS 和 HelloFunc_LIBRARIES 变量中增加 Windows 的路径。同时本案例也尚未考虑组件和版本的问题，实际项目中通常需要处理多个组件、版本、平台差异等。这里只是一个简化版以展示模块模式的基本流程。

7.3 配置模式(Config mode)

7.3.1 环境准备

配置模式是构建第三方库时，比较常用且现代化的方式。它不需要设置额外的路径变量 CMAKE_MODULE_PATH。在配置模式的案例中，我们将使用动态共享库，并设置动态共享库的版本为 1.0.0 版本。

首先，读者需完成项目目录的创建，具体目录树结构如下:

```
[root@localhost CMakeLearn]# tree
.
├── build
├── CMakeLists.txt
├── COPYRIGHT
├── README
└── src
    ├── CMakeLists.txt
    └── main.cpp
```

可见，配置模式下的项目目录结构比模块模式要简洁且清晰很多。

其次，读者需结合第 6.4 节的案例，完成构建 HelloFunc.so 动态共享库并设置 HelloFunc.so 的版本为 1.0.0 版本。

然后，创建 HelloFunc 目录，确保动态共享库文件和项目源代码分别属于两个目录。在 HelloFunc 目录下创建 lib 目录和 include 目录，将动态共享库文件 HelloFunc.so.1.0.0 以及软链接 HelloFunc.so 拷贝到 lib 路径下。将头文件 HelloWorld.h 拷贝到 include 路径下。接着在 HelloFunc 目录中创建 cmake 目录，在其下创建 HelloFuncConfig.cmake 脚本文件和 HelloFuncConfig-version.cmake 脚本文件。

最后，创建 README 文件告诉用户如何使用该动态共享库，创建 COPYRIGHT 文件声明版权信息。

完整的目录树结构如下：

```
[root@localhost HelloFunc]# tree
.
├── cmake
│   ├── HelloFuncConfig.cmake
│   └── HelloFuncConfig-version.cmake
├── COPYRIGHT
├── include
│   └── HelloWorld.h
├── lib
│   ├── HelloFunc.so -> HelloFunc.so.1.0.0
│   └── HelloFunc.so.1.0.0
└── README
```

动态共享库有一个最大的特点就是共享，所以为了共享库的重复利用，将它单独存在了一个目录中。

在模块模式下，使用内置变量 CMAKE_MODULE_PATH 来查找脚本文件 Find<PackageName>.cmake。

而在配置模式下，使用内置变量 CMAKE_PREFIX_PATH 来查找脚本文件 <PackageName>Config.cmake。如果不设置该变量的值，CMake 去会系统路径下查找<PackageName>Config.cmake 脚本文件。在 Linux 系统中，通常我们把该脚本文件放在/usr、/opt 或/root 下，CMake 便能自动找到<PackageName>Config.cmake 脚本文件。在 macOS 中一般放在/usr、/opt 或/Library/下。在 Wiondows

中一般放在 C:\Program Files 或 Program Files (x86)下。

为了更好地了解 CMAKE_PREFIX_PATH 查找脚本文件<PackageName>Config.cmake 的过程，我们可以在 CMakeLists.txt 文件中将 CMAKE_FIND_DEBUG_MODE 的值设置为 ON。如此，CMake 将会详细输出 find_packet()、find_path()和 find_library()等命令的详细过程。该设置对所有 find_开头的命令都适用，默认是 OFF。除此以外，也可以在使用 cmake 命令构建时，使用-D 选项进行设置。

不过，将内置变量 CMAKE_FIND_DEBUG_MODE 设置为 ON 时，会导致大量输出，一般仅在需要调试查找问题时使用。否则，构建日志可能会变得非常冗长，影响可读性。

在本案例中，我们将构建完成的 HelloFunc 目录放在/usr/lib64 下。提供给其他人使用时，需要在 READEME 中向用户说明，告知用户放在/usr/lib64 下或其他相关目录下。

7.3.2 CMakeLists.txt 文件编写

在本案例的项目文件中，一共有两个 CMakeLists.txt 文件，这两个 CMakeLists.txt 的配置都非常简单。CMakeLearn 目录下的 CMakeLists.txt 文件，指明项目名称和子目录。参考命令如下：

```
cmake_minimum_required(VERSION 3.31)
project(HelloWorld)
add_subdirectory(src)
```

src 路径下的 CMakeLists.txt 文件使用 find_package()命令进行查找，找到后链接到动态共享库文件，最终生成二进制可执行文件。参考命令如下：

```
find_package(HelloFunc REQUIRED)
add_executable(${PROJECT_NAME} main.cpp)
target_link_libraries(${PROJECT_NAME} HelloFunc::HelloFunc)
```

7.3.3 <PackageName>Config.cmake 脚本文件编写

本案例中<PackageName>是 HelloFunc，所以脚本名是 HelloFuncConfig.cmake。该脚本的编写也非常简单，只需要用第 7.2.4 节介绍的知识创建导入目标即可。该脚本的详细配置如下：

```
add_library(HelloFunc::HelloFunc SHARED IMPORTED)
set_target_properties(HelloFunc::HelloFunc PROPERTIES
    IMPORTED_LOCATION "/usr/lib64/HelloFunc/lib/HelloFunc.so"
    INTERFACE_INCLUDE_DIRECTORIES "/usr/lib64/HelloFunc/include")
```

以下是构建的部分输出：

```
[root@localhost build]# cmake ..
[root@localhost build]# make
[root@localhost src]# ./HelloWorld
Hello World
```

很多正式的第三方库的<PackageName>Config.cmake 脚本文件会写很多内容，以保证该脚本文件的健壮性、复用性和易用性等。下面将结合实际项目，对本案例的 HelloFuncConfig.cmake 进行扩展。

(1) 增加判断，确认是否已经创建了导入目标

实际中这个判断是一定要加的。因为有些第三方库的使用者，有可能会在自己项目的 CMakeLists.txt 文件中创建该库的导入目标。用于判断是否已经创建了导入目标的参考代码如下：

```
if (NOT TARGET HelloFunc::HelloFunc)
    add_library(HelloFunc::HelloFunc SHARED IMPORTED)
    set_target_properties(
        HelloFunc::HelloFunc PROPERTIES
        IMPORTED_LOCATION "/usr/lib64/HelloFunc/lib/HelloFunc.so"
        INTERFACE_INCLUDE_DIRECTORIES "/usr/lib64/HelloFunc/include"
    )
endif()
```

(2) 定义路径变量

定义路径变量可以增加脚本中代码的灵活性。具体即借助于 CMake 的内置变量 CMAKE_CURRENT_LIST_DIR，它在脚本执行期间会动态地更新.cmake 脚本所在的绝对路径。如本案例中内置变量 CMAKE_CURRENT_LIST_DIR 的值应该为 /usr/lib64/HelloFunc/cmake。

CMAKE_CURRENT_LIST_DIR 总是返回一个绝对路径，而不是相对路径。而

且无论是在 Windows、Linux 还是 macOS 上，它都会返回正确的路径格式。这使得它在创建路径或引用文件时非常有用。

与 CMAKE_CURRENT_LIST_DIR 类似的还有另外两个内置变量分别是 CMAKE_CURRENT_SOURCE_DIR 和 CMAKE_CURRENT_BINARY_DIR。它们分别指向当前的源代码目录和构建目录。如本案例中分别是/opt/CMakeLearn/src 和 /opt/CMakeLearn/build/src。

首先，我们在 HelloFuncConfig.cmake 脚本文件中定义出该文件的绝对路径，参考命令如下：

```
set(HelloFunc_cmake_PATH "${CMAKE_CURRENT_LIST_DIR}")
```

然后，我们需要考虑的是头文件路径和库文件路径。这两个路径都在 CMAKE_CURRENT_LIST_DIR 的上一级路径的 include 和 lib 下。要获取某一个路径的上一级路径，我们可以使用 get_filename_component()命令。该命令用于处理和拆解文件路径，它可以提取路径的各个部分，如文件名、扩展名、目录路径等。该命令中的 DIRECTORY 关键字就可以获取到上一级路径(关于该命令的详细参数见附录 1)。参考命令如下：

```
get_filename_component(HelloFunc_Root_PATH
                       ${CMAKE_CURRENT_LIST_DIR}
                       DIRECTORY)
```

接下来再定义头文件和库路径的路径，并更新 if 语句代码块中的路径。

```
set(HelloFunc_Include_PATH "${HelloFunc_Root_PATH}/include")
set(HelloFunc_Lib_PATH "${HelloFunc_Root_PATH}/lib")
if (NOT TARGET HelloFunc::HelloFunc)
    add_library(HelloFunc::HelloFunc SHARED IMPORTED)
    set_target_properties(HelloFunc::HelloFunc PROPERTIES
        IMPORTED_LOCATION "${HelloFunc_Lib_PATH}/HelloFunc.so"
        INTERFACE_INCLUDE_DIRECTORIES "${HelloFunc_Include_PATH}"
    )
endif()
```

(3) 处理依赖关系

许多常用的第三库提供给使用者的可能就是一个.so 或.dll 文件，但是在这个库文件的背后,第三方库的开发者可能还会写很多库来服务于对外的这个库文件。这种情况下，就需要在第三方库的<PackageName>Config.cmake 脚本文件中处理依赖关系。

在 CMake 中有一个内置脚本 CMakeFindDependencyMacro 可以处理库文件的依赖关系，通过 include()命令引入。参考命令如下:

```
include(CMakeFindDependencyMacro)
```

本案例中的第三方库 HelloFunc.so 比较简单，没有依赖关系。将以下命令写在 HelloFuncConfig.cmake 中,则说明 HelloFunc.so 依赖于 LibFuncA 和 LibFuncB。如 LibFuncA 指定了版本号，LibFuncB 用到了 REQUIRED 关键字。此时如果未找到依赖项，配置会失败并报错。

```
include(CMakeFindDependencyMacro)
find_dependency(LibFuncA 1.12)
find_dependency(LibFuncB REQUIRED)
```

上述命令中, find_dependency()是 CMake 内置脚本 CMakeFindDependencyMacro 中的一个宏。该宏主要用于实现依赖关系的处理。关于 find_dependency()宏的详细参数见附录 1。

find_dependency()宏和 find_package()命令的功能和参数都很类似，都是用来查找依赖关系的包的。它们的主要区别如表 7-1 所示。

表 7-1

find_package()	find_dependency()
主要用于 CMake 的主配置文件(CMakeLists.txt)	专门用于包的配置文件 (如<PackageName>Config.cmake 或<PackageName>config-version.cmake 文件)
用于在构建项目时查找和配置外部依赖包	用于在包配置时确保依赖包的正确性和可用性
可以被调用多次以查找不同的包或同一包的不同配置	通常只在包的配置脚本中调用一次或几次，以确保所有依赖都被正确找到

7.3.4 <PackageName>Config-version.cmake 脚本文件编写

在本案例中，<PackageName>Config-version.cmake 脚本文件实际的名称应该为 HelloFuncConfig-version.cmake。这个脚本文件主要是用来控制匹配 HelloFunc.so 的版本。

要实现控制和匹配 HelloFunc.so 的版本，在使用 find_package()命令时，就需要增加版本号。匹配 HelloFunc.so 的版本主要分为精确匹配方式和范围匹配方式。

(1) 精确匹配方式

本案例在 src 路径下的 CMakeLists.txt 中，使用 find_package()命令定义 HelloFunc 的版本号为 1.0.0 版本。参考命令如下:

```
find_package(HelloFunc 1.0.0 REQUIRED)
```

在编写 HelloFuncConfig-version.cmake 脚本前，我们需要先学习以下几个变量:

①变量 PACKAGE_VERSION。这个变量通常是由包的开发者或维护者在 <PackageName>Config-version.cmake 文件中定义的。定义的是当前库的版本号。如在 HelloFuncConfig-version.cmake 脚本文件中，其命令如下:

```
set(PACKAGE_VERSION "1.0.0")
```

②内置变量 PACKAGE_FIND_VERSION。这个内置变量会自动获取 find_package()命令中定义的库版本号。本案例中内置变量 PACKAGE_FIND_VERSION 的值就是 1.0.0。然后我们就可以对自定义的 PACKAGE_VERSION 变量和内置变量 PACKAGE_FIND_VERSION 进行比较。它们的比较是库版本的比较，需要使用到如表 7-2 的关键字。

表 7-2

关键字	解释
VERSION_LESS	版本小于
VERSION_LESS_EQUAL	版本小于等于
VERSION_GREATER	版本大于
VERSION_GREATER_EQUAL	版本大于等于
VERSION_EQUAL	版本等于

③内置布尔变量 PACKAGE_VERSION_EXACT。用于指示版本匹配是否要求严格一致。如果为 FALSE，表示允许较宽松的匹配(例如 3.31 可以匹配到 3.31.2)。当需要严格的版本控制时，可以将其设置为 TRUE。此时，只有在 PACKAGE_FIND_ VERSION 与 PACKAGE_VERSION 完全一致的情况下，才会视为匹配成功。

有了以上的知识做铺垫后，我们可以在 HelloFuncConfig-version.cmake 添加如下代码:

```
if(${PACKAGE_VERSION} VERSION_EQUAL ${PACKAGE_FIND_VERSION})
    set(PACKAGE_VERSION_EXACT TRUE)
else()
    set(PACKAGE_VERSION_EXACT FALSE)
endif()
```

以上代码很好理解，当 PACKAGE_VERSION 变量和内置变量 PACKAGE_FIND_VERSION 完全匹配时,将内置 PACKAGE_VERSION_EXACT 设置为 TRUE,然后 cmake 完成编译构建；反之则设为 FALSE，以允许兼容版本(CMake 可接受高于该版本的库)进行构建。如果找不到兼容版本，则会停止构建。

测试构建和编译，成功输出:

```
[root@localhost build]# cmake ..
[root@localhost build]# make
[root@localhost build]# ./src/HelloWorld
Hello World
```

(2) 范围匹配方式

在 CMake 3.12 及以后的版本中 find_package()命令的版本信息引入了范围的写法。参考命令如下:

```
find_package(HelloFunc 1.0.0...<2.2.0 REQUIRED)
```

1.0.0..<2.2.0 表示版本的最小是 1.0.0，最大值是 2.2.0。其他的写法如“1.0.0..<=2.2.0”，“<2.2.0”或“VERSION_LESS 2.2.0”，在实际测试中发现都不支持。

当在 find_package()命令中，版本号使用了范围以后，HelloFuncConfig-version.cmake 脚本就可以用以下三个内置变量来获取用户定义的范围：

PACKAGE_FIND_VERSION_MIN：获取版本范围中的最小值。本案例的值是 1.0.0。

PACKAGE_FIND_VERSION_MAX：获取版本范围中的最大值。本案例的值是 2.2.0。

PACKAGE_FIND_VERSION_RANGE：获取版本范围。

除此以外，还需要设置 PACKAGE_VERSION_COMPATIBLE 布尔变量的值，来确认用户查找的库版本范围是否在变量 PACKAGE_VERSION 之间中。版本在范围匹配时，可以使用内置布尔变量 PACKAGE_VERSION_COMPATIBLE。

HelloFuncConfig-version.cmake 中范围匹配的参考命令如下：

```
if(PACKAGE_FIND_VERSION_RANGE)
  if(PACKAGE_VERSION VERSION_GREATER_EQUAL ${PACKAGE_FIND_VERSION_ MIN}
    AND PACKAGE_VERSION VERSION_LESS_EQUAL ${PACKAGE_FIND_VERSION_ MAX})
    set(PACKAGE_VERSION_COMPATIBLE TRUE)
  else()
    set(PACKAGE_VERSION_COMPATIBLE FALSE)
  endif()
endif()
```

注意，以上命令中的第一条 if(PACKAGE_FIND_VERSION_RANGE) 和 if(${PACKAGE_FIND_VERSION_RANGE}) 是有区别的。前者是直接检查名为 PACKAGE_FIND_VERSION_RANGE 的内置变量是否被定义(若这个变量被定义，条件为真，反之为假)，这种方式不关心变量的值是什么，只要变量存在，就认为条件成立。后者是读取变量的值，这种方式不仅检查变量是否被定义，还会根据变量的值来判断条件是否成立。

此外，如果你的库需要更精细的版本控制(如某个版本虽然版本号能够匹配，但因为其他原因实际是不可用的)，则可以使用 PACKAGE_VERSION_UNSUITABLE 来强制 find_package()匹配失败。

7.4 使用 FetchContent 管理依赖

7.4.1 FetchContent 概述

FetchContent 是 CMake 3.11 引入的一个模块，旨在通过在配置阶段从外部源(如 Git 仓库或 URL)下载第三方库源代码，并将其直接融入主项目的构建系统中。与需要预先安装库的 find_package()不同，FetchContent 通过 add_subdirectory 将依赖的 CMake 项目嵌入主项目，省去手动安装的麻烦，非常适合需要直接使用或修改依赖源代码的场景。它的优势在于与 CMake 的目标系统无缝衔接，支持 Git、URL 等多种源类型，并能通过指定版本确保构建一致性。然而，FetchContent 主要适用于基于 CMake 的依赖，若依赖使用非 CMake 构建系统或需要复杂配置，可能不太适用。此外，由于下载和配置在 cmake 执行时完成，配置时间可能略有增加。

在使用 FetchContent 之前，需要做好一些准备工作，以确保依赖管理顺利进行。提前确认以下条件能有效避免常见问题。

- 建议使用 CMake 3.14 或更高版本，因为这些版本的 FetchContent 功能更稳定，尽管 3.11 已支持。
- 由于依赖在配置阶段下载，需确保网络连接畅通。
- 开发者还需了解依赖的 CMake 目标名称，例如 Google Test 的 gtest 或 fmt 库的 fmt::fmt，以便在项目中正确链接。

FetchContent 模块的核心命令是 fetchcontent_declare()和 fetchcontent_makeavailable()。

fetchcontent_declare()命令用于声明一个外部项目的获取方式(如 Git、URL、本地路径等)，但不自动下载或构建，仅注册该信息。其语法格式为(详细语法格式说明，见附录 1):

```
fetchcontent_declare(<name> [URL <url>] ...)
```

其中，<name>是项目的唯一名称，用作标识和变量前缀；[URL]是压缩包或源码的下载地址。

fetchcontent_makeavailable() 命令用于下载并解压或克隆之前通过 fetchcontent_declare()命令声明的外部项目，并自动将其加入当前构建。其语法格

式为(详细语法格式说明，见附录 1):

```
fetchcontent_makeavailable(<name1> [<name2>...])
```

其中，<name1>是通过 fetchcontent_declare()声明的项目名称，可以一次提供多个。它将自动执行下载或 Git 克隆，自动调用 add_subdirectory()将项目加入当前 CMake 构建树中。

7.4.2 FetchContent 配置举例

FetchContent 模块的核心命令是 fetchcontent_declare()和 fetchcontent_makeavailable()。典型工作流程包括声明依赖的源和版本、下载并配置依赖，以及将依赖的目标链接到主项目。以下是一个使用 fmt 库进行格式化输出的示例，展示如何通过 FetchContent 集成第三方库:

```
cmake_minimum_required(VERSION 3.31)
project(FormatApp LANGUAGES CXX)
include(FetchContent)
fetchcontent_declare(
    fmt
    GIT_REPOSITORY https://github.com/fmtlib/fmt.git
    GIT_TAG 10.2.1
)
fetchcontent_makeavailable(fmt)
add_executable(format_app main.cpp)
target_link_libraries(format_app PRIVATE fmt::fmt)
```

上述示例中，include(FetchContent)加载模块，fetchcontent_declare 指定依赖名称 fmt、Git 仓库地址和版本 10.2.1，fetchcontent_makeavailable 负责下载源代码、解压并通过 add_subdirectory 将其加入构建系统，使 fmt::fmt 目标可用。主项目的可执行文件 format_app 通过 target_link_libraries 链接 fmt 库，运行 cmake 和 make 后，fmt 库会自动下载、配置和构建，项目即可使用其格式化输出功能，例如在 main.cpp 中调用 fmt::format。

7.4.3 FetchContent 高级用法

对于更复杂的需求，FetchContent 提供灵活的配置选项。开发者可以通过指定源代码和构建目录或传递 CMake 参数来自定义下载和构建过程。例如，为了减少 fmt 库的构建时间，可以禁用其测试和文档:

```
fetchcontent_declare(
    fmt
    GIT_REPOSITORY https://github.com/fmtlib/fmt.git
    GIT_TAG 10.2.1
    SOURCE_DIR ${CMAKE_BINARY_DIR}/fmt-src
    BINARY_DIR ${CMAKE_BINARY_DIR}/fmt-build
    CMAKE_ARGS -DFMT_TEST=OFF -DFMT_DOC=OFF
)
fetchcontent_makeavailable(fmt)
```

上述示例中，SOURCE_DIR 和 BINARY_DIR 指定了依赖的源代码和构建目录，CMAKE_ARGS 禁用测试和文档以优化性能。如果需要更精细的控制，可以使用 fetchcontent_populate()命令手动管理下载和配置。其语法格式如下:

```
fetchcontent_populate(<name>)
```

其中<name>是外部项目名称，必须先通过 fetchcontent_declare()声明。

配置举例如下:

```
fetchcontent_declare(
    fmt
    GIT_REPOSITORY https://github.com/fmtlib/fmt.git
    GIT_TAG 10.2.1
)
fetchcontent_getproperties(fmt)
if(NOT fmt_POPULATED)
    fetchcontent_populate(fmt)
    add_subdirectory(${fmt_SOURCE_DIR} ${fmt_BINARY_DIR})
endif()
```

上述配置检查依赖是否已填充，并手动将其加入构建系统，适合需要自定义集成逻辑的场景。如果项目需要多个版本的 fmt 库，可以通过不同的 SOURCE_DIR 隔离，例如为两个版本指定不同目录。FetchContent 还支持通过 URL 下载压缩包，例如：

```
fetchcontent_declare(
    fmt
    URL https://github.com/fmtlib/fmt/releases/download/10.2.1/fmt-10.2.1.zip
)
fetchcontent_makeavailable(fmt)
add_executable(format_app main.cpp)
target_link_libraries(format_app PRIVATE fmt::fmt)
```

上述配置通过 URL 下载 fmt 库的压缩包并集成到项目中。

使用 FetchContent 时，需要关注几个关键点以确保依赖管理顺畅。始终指定明确的版本，例如 Git 标签或 URL 中的版本号，避免使用 main 分支以保证构建稳定性。由于下载在配置阶段进行，需确保网络可用，但可以通过设置 FETCHCONTENT_BASE_DIR 缓存依赖以支持离线环境。为优化构建性能，建议通过 CMAKE_ARGS 禁用依赖中的测试或文档等非必需功能。依赖的 CMakeLists.txt 与主项目的 CMake 版本兼容性也很重要，若依赖使用较旧的语法，可能需要调整 cmake_minimum_required。如果遇到下载或配置错误，可以查看 CMakeFiles 目录中的 CMakeError.log 或 CMakeOutput.log 获取调试信息。

FetchContent 在多种场景中表现出色，特别适合需要紧密集成 CMake 依赖的情况。常见应用包括集成轻量级库如 fmt 或 spdlog，这些库提供清晰的 CMake 目标，适合格式化输出或日志记录等功能。当开发者需要直接修改依赖源代码时，FetchContent 也非常方便，因为下载的代码位于项目的构建目录中。例如，前述示例中的 fmt 库可让项目轻松实现高效的格式化输出。总之，FetchContent 通过 fetchcontent_declare()和 fetchcontent_makeavailable()简化了依赖管理，适合初学者快速上手，同时通过自定义目录和参数支持复杂需求。对于非 CMake 依赖或需要隔离构建的场景，下一节将介绍 ExternalProject 作为补充。两者结合能满足现代 CMake 项目的多样化依赖管理需求。

7.5 使用 ExternalProject 管理外部项目

7.5.1 ExternalProject 概述

ExternalProject 是 CMake 提供的模块，用于在构建阶段下载、配置、编译和安装外部项目，与在配置阶段处理依赖的 FetchContent 不同，ExternalProject 将这些操作推迟到 make 或 ninja 执行时，使其适合需要独立构建的复杂依赖。它的核心命令 externalproject_add()支持灵活的配置，能够处理基于 CMake 或非 CMake(如 Autotools、Make)的项目，特别适用于需要自定义构建流程或交叉编译的场景。

ExternalProject 的优势在于构建隔离性强，外部项目在独立目录中处理，避免与主项目冲突，还能通过自定义命令支持非 CMake 构建系统。然而，其集成过程较为复杂，需要手动指定头文件和库路径，适合大型或复杂依赖的管理。而且，由于操作在构建阶段进行，配置阶段无法直接检测依赖，增加了调试难度。

在使用 ExternalProject 之前，需要做好准备工作以确保顺利集成依赖。明确以下条件能减少配置错误。

- CMake 3.14 或更高版本推荐使用，以获得稳定的功能支持。
- 由于下载和构建在 make 或 ninja 阶段进行，需确保构建时网络连接畅通，或提前缓存依赖以支持离线环境。
- 开发者应了解依赖的输出，例如 libpng 的头文件和库文件路径，以便手动链接到主项目。
- 如果依赖需要其他库(如 libpng 依赖 zlib)，需确保这些前置依赖正确配置。

7.5.2 ExternalProject 配置举例

ExternalProject 模块的核心命令是 externalproject_add()，用于定义外部项目的下载、配置、构建和安装步骤。典型工作流程包括声明依赖的源、指定构建目录和安装路径、以及手动将依赖的头文件和库链接到主项目。其语法格式为(详细语法格式说明见附录 1):

```
externalproject_add(<name>...)
```

其中 <name> 是外部项目的唯一标识名，用于生成 target 名(例如 <name>-download)。

以下是一个使用 libpng 库的示例，展示如何通过 ExternalProject 集成第三方库：

```
cmake_minimum_required(VERSION 3.31)
project(imageapp LANGUAGES CXX)
include(externalproj
externalproject_add(
    libpng
    git_repository https://github.com/glennrp/libpng.git
    git_tag v1.6.43
    prefix ${CMAKE_BINARY_DIR}/libpng
    cmake_args -DCMAKE_INSTALL_PREFIX=${CMAKE_BINARY_DIR}/libpng- install
)
add_executable(imageapp main.cpp)
add_dependencies(imageapp libpng)
target_include_directories(imageapp PRIVATE ${CMAKE_BINARY_DIR}/libpng-install/
include)
target_link_libraries(imageapp  PRIVATE  ${CMAKE_BINARY_DIR}/libpng-install/lib/
libpng.a)
```

在这个命令中，include(externalproject)加载模块，externalproject_add()命令定义 libpng 的 Git 仓库和版本 v1.6.43，prefix 指定临时目录，cmake_args 设置安装路径。主项目的可执行文件 imageapp 通过 add_dependencies()确保 libpng 先构建，target_include_directories()和 target_link_libraries()手动指定 libpng 的头文件和库路径。运行 cmake 后，libpng 的下载和构建将在 make 阶段完成，项目即可使用 libpng 处理图像。

7.5.3 ExternalProject 高级用法

除上述常用配置外，ExternalProject 还提供了灵活的选项以应对复杂需求。例如，通过自定义配置、构建和安装命令，支持非 CMake 项目。以下是一个涉及使用 Autotools 的项目示例：

```
externalproject_add(
    myproject
```

```
        url https://example.com/my_project.tar.gz
        prefix ${CMAKE_BINARY_DIR}/myproject
        configure_command     ${CMAKE_BINARY_DIR}/myproject/src/myproject/configure--
prefix=${CMAKE_BINARY_DIR}/myproject-install
        build_command make
        install_command make install
    )
```

在上述配置中，configure_command、build_command 和 install_command 分别定义了 Autotools 的配置、构建和安装步骤，适合非 CMake 依赖。如果依赖需要其他库，可以通过 depends 指定依赖关系，例如为 libpng 添加 zlib 依赖：

```
    externalproject_add(
        zlib
        git_repository https://github.com/madler/zlib.git
        git_tag v1.3.1
        prefix ${CMAKE_BINARY_DIR}/zlib
        cmake_args-DCMAKE_INSTALL_PREFIX=${CMAKE_BINARY_DIR}/zlib- install
    )
    externalproject_add(
        libpng
        git_repository https://github.com/glennrp/libpng.git
        git_tag v1.6.43
        prefix ${CMAKE_BINARY_DIR}/libpng
        cmake_args-DCMAKE_INSTALL_PREFIX=${CMAKE_BINARY_DIR}/libpng-install-DZLIB_
ROOT=${CMAKE_BINARY_DIR}/zlib-install
        depends zlib
    )
```

在上述配置中，externalproject_add()命令通过 depends 选项确保 zlib 在 libpng 之前构建，并通过 cmake_args 指定 zlib 的安装路径，使 libpng 正确链接依赖，这种方式非常适合管理具有依赖关系的复杂项目。

为了进一步优化构建过程或适应特殊场景，可以为 externalproject_add()命令添加更多配置，例如支持并行构建以加速编译，或配置交叉编译以支持嵌入式平台。并行构建可以通过 build_command 使用 make -j 并结合 CMAKE_BUILD_

PARALLEL_LEVEL 变量实现：

```
build_command make -j${CMAKE_BUILD_PARALLEL_LEVEL}
```

上述配置利用多核处理器加速 libpng 或 zlib 的编译，特别适合大型项目。

针对交叉编译场景，例如为嵌入式设备构建 libpng，可以通过 cmake_args 传递工具链文件：

```
cmake_args -DCMAKE_TOOLCHAIN_FILE=${CMAKE_TOOLCHAIN_FILE}
```

通过上述方式，externalproject_add()命令能够灵活适应不同平台的需求，确保依赖构建符合目标环境的要求。

总结一下，ExternalProject 适合管理复杂依赖或非 CMake 项目，常见场景包括集成图像处理库(如 libpng)、视频处理库(如 FFmpeg)，或需要交叉编译的嵌入式项目。它的隔离性使其在大型项目中表现优异，避免了 FetchContent 可能带来的构建环境冲突。然而，手动集成增加了配置复杂性，开发者需仔细规划路径和依赖关系。

7.6 本章小结

本章深入探讨了使用 CMake 构建和集成第三方库的多种方法，为开发者提供了管理和使用外部依赖的全面工具集，涵盖了从传统查找方式到现代动态管理技术的完整实践。

其中，find_package 是管理第三方库的核心命令，读者需要了解模块模式和配置模式这两种工作方式(模块模式适合需要精细控制的场景，配置模式则更现代化)，以实现依赖的查找与集成。

为进一步满足对外部代码或库的管理需求，本章还介绍了 FetchContent 和 ExternalProject 模块。

综合来看，find_package()命令适合已安装或预配置的依赖，FetchContent 适合轻量级依赖，ExternalProject 则适合处理复杂或非 CMake 依赖，三者各有优势，开发者可根据项目需求选择或结合使用合适的方法。

第8章

使用 CMake 进行测试和打包

CMake 作为一款功能强大的跨平台构建工具，不仅支持项目编译和依赖管理，还提供了完善的打包与测试功能。本章将介绍 CMake 通过 CPack 模块实现多格式安装包生成，以及通过 CTest 模块支持自动化测试的机制，帮助开发者高效地完成软件发布和功能验证。

8.1 自动化测试：CTest

CMake 通过其内置的 CTest 模块提供强大的测试框架，支持开发者定义、运行和管理自动化测试用例，以验证项目的功能正确性和代码质量。作为 CMake 生态的重要组成部分，CTest 与构建流程无缝集成，广泛应用于单元测试、集成测试和回归测试。本节详细介绍 CTest 的核心功能、配置步骤、执行方式及其优势。

8.1.1 CTest 概述

CTest 是 CMake 的测试驱动工具，旨在帮助开发者通过脚本化的方式组织和执行测试用例。它允许将测试集成到 CMake 的构建流程中，支持跨平台运行，并提供灵活的输出和报告选项。CTest 的主要功能包括：

- 测试用例定义：通过 CMake 命令注册测试，关联可执行文件或脚本。
- 自动化运行：批量执行测试，支持并行处理和条件过滤。

- 结果报告：生成详细的测试结果，支持集成到持续集成(CI)系统。
- 扩展性：兼容第三方测试框架(如 Google Test、Catch2)，适用于多种测试场景。

CTest 特别适合需要频繁验证代码的项目，能够在开发过程中快速发现问题，确保软件的稳定性和可靠性。

8.1.2 CTest 使用方法

在 CMake 项目中，使用 CTest 配置测试通常涉及以下四个步骤(全部通过配置 CMakeLists.txt 文件完成)。

(1) 启用测试功能

通过 enable_testing()命令可以启用测试功能并激活 CTest。CMakeLists.txt 文件的参考命令如下：

```
enable_testing()
```

enable_testing()命令通常置于 CMakeLists.txt 文件的顶部，且只需调用一次，就能适用于整个项目。此命令还会通知 CMake 在构建目录时，生成测试相关的配置文件(如 CTestTestfile.cmake)。

(2) 定义测试用例

使用 add_test()命令可以测试用例，指定测试名称和执行命令。其基本语法如下(关于该命令的详细参数见附录 1)：

```
add_test(NAME <test_name> COMMAND <command> [<arg1> ...])
```

其中，NAME 关键字用于定义测试的唯一标识符，用于后续引用。COMMAND 关键字定义测试执行的命令，通常是可执行文件或脚本，可能包含参数。

基于第 2.1 节的实验环境，add_test()命令的参考用法如下：

```
add_test(NAME MyTest COMMAND HelloWorld --test)
add_executable(HelloWorld main.cpp)
```

上述命令中，定义了名为 MyTest 的测试，运行 HelloWorld --test 命令。

(3) 设置测试属性

使用 set_tests_properties()命令可以为测试用例配置附加属性，如超时时间、依赖关系或预期结果等。其基本语法如下(关于该命令的详细参数见附录 1):

```
set_tests_properties(<test_name> PROPERTIES <property1> <value1> [<property2>
<value2> ...])
```

常用的属性有(替换语法格式中的<property1>):

TIMEOUT: 测试的最大运行时间(秒)，超时后自动失败。

PASS_REGULAR_EXPRESSION: 测试输出需匹配的正则表达式，表示通过。

LABELS: 为测试分配标签，便于分类运行。

CMakeLists.txt 文件的部分参考配置如下:

```
set_tests_properties(MyTest PROPERTIES TIMEOUT 30 PASS_REGULAR_ EXPRESSION
"Hello World")
```

该命令需写在 add_test()命令的后面。此配置限制 MyTest 运行时间为 30 秒，并要求输出包含“Hello World”。

(4) 执行测试

配置完成后，测试通过 ctest 命令在 build 目录(构建目录)中运行，参考命令如下(省略部分输出):

```
[root@localhost build]# cmake ..
[root@localhost build]# make
[root@localhost build]# ctest
Test project /opt/CMakeLearn/build
    Start 1: MyTest
1/1 Test #1: MyTest ..........................   Passed   0.00 sec
100% tests passed, 0 tests failed out of 1
Total Test time (real) =   0.01 sec
```

上述使用 ctest 命令的输出“100% tests passed, 0 tests failed out of 1”，说明测试成功了。因为在使用 set_tests_properties()命令时，要求输出的是 Hello World，而实际二进制文件输出的也是 Hello World，所以测试是成功的。读者可以换成其他输出，进行验证。

ctest 命令支持多种选项，来定制执行该命令行为。常见的选项有：

-V：启用详细输出，显示每个测试的完整日志。

-R <regex>：仅运行名称匹配正则表达式的测试，如 ctest -R Basic。

-E <regex>：排除匹配正则表达式的测试。

-output-on-failure：仅在测试失败时显示输出，减少日志冗余。

-j <jobs>：并行运行测试，加速执行。

--test-dir <dir>：指定测试配置文件所在目录(默认当前目录)。

--rerun-failed：重新运行失败的测试。

例如，使用 ctest 命令的详细输出选项，并设置在测试失败时显示输出，减少日志冗余：

```
ctest -V --output-on-failure
```

执行上述 ctest 命令后，会在构建目录下生成 Testing/Temporary 子目录，该目录中记录了测试的日志。开发者可通过日志分析失败原因，或使用--rerun-failed 重新运行失败的测试。

此外，使用 CTest 测试时，应尽量避免对外部资源(如文件、网络等)的强依赖，以保证测试的稳定性和可靠性。

8.1.3 集成第三方测试框架

CTest 本身不提供测试逻辑，而是依赖可执行文件或脚本执行测试。为实现复杂的测试场景，开发者常需集成第三方测试框架，如 Google Test、Catch2 或 Boost.Test。这些框架提供丰富的断言、测试套件管理和报告功能，与 CTest 结合可构建强大的单元测试和集成测试体系。本节以 Google Test 为例，详细介绍其与 CMake/CTest 的集成流程，并通过实际案例展示配置和使用方法。

Google Test 是一个功能强大的 C++测试框架，支持跨平台的单元测试开发。它提供了丰富的断言(如 EXPECT_EQ、ASSERT_TRUE)、测试用例组织(通过 TEST 和 TEST_F 宏)、参数化测试以及详细的测试结果报告。Google Test 通过生成可执行的测试运行器与 CTest 集成，CTest 负责调用运行器并收集结果，Google Test 则处理具体的测试逻辑。

8.1.3.1 安装 Google Test

不同的 Linux 发行版本安装 Google Test 的方式可能有所不同，本书以下是基于 CentOS Stream 10 的安装方式。其他发行版本的安装方式读者可自行查阅 Google Test 的官方网站。

(1) 自用 CRB 仓库

在 CentOS Stream 10 中，gtest-devel 包通常位于 CRB 仓库，默认未启用，需要启用它。参考命令如下：

```
[root@localhost build]#sudo dnf config-manager --set-enabled crb
```

安装 EPEL 仓库以获取更多开发包(可选，视情况而定)：

```
[root@localhost build]#sudo dnf install epel-release
```

(2) 安装 Google Test 开发包

```
[root@localhost build]#sudo dnf install gtest-devel
```

(3) 验证安装

验证安装是否成功的方式可以检查 Google Test 的头文件和库文件：

```
[root@localhost build]#ls /usr/include/gtest
[root@localhost build]#ls /usr/lib64/libgtest*
```

执行上述命令后，应看到 gtest.h 等头文件以及 libgtest.a 和 libgtest_main.a 等库文件。

当然安装 Google Test 的方式有多种，上述使用的是包管理器的安装方式。读者也可以使用源码包安装或 RPM 包的安装方式。

8.1.3.2 CMake 对接 Google Test

在 CMake 项目中集成 Google Test 需要以下步骤。

(1) 查找 Google Test 库

使用 find_package()命令定位已安装的 Google Test 库。CMake 提供 FindGTest 模块或直接支持 GTest 目标(CMake 3.5+)。参考配置如下：

```
find_package(GTest REQUIRED)
```

此命令查找 Google Test 的头文件和库文件，并定义目标(如 GTest::gtest、GTest::gtest_main)。

(2) 创建测试运行器

定义一个可执行目标，包含测试代码，并链接 Google Test 库。参考命令如下：

```
add_executable(HelloWorld main.cpp)
target_link_libraries(HelloWorld PRIVATE GTest::gtest GTest::gtest_main)
```

上述命令通过 target_link_libraries()命令，链接 Google Test 的相关文件。GTest::gtest 是 Google Test 核心库，提供测试框架。GTest::gtest_main 提供默认的 main()函数，简化测试运行器编写。

(3) 定义测试用例

以下使用 add_test()命令定义测试用例并使用 set_tests_properties()命令设置测试属性，参考命令如下：

```
add_test(NAME MyTest COMMAND TestRunner)
set_tests_properties(MyTest PROPERTIES TIMEOUT 30 PASS_REGULAR_ EXPRESSION
"Hello World")
```

(4) 运行测试

参考命令如下：

```
[root@localhost build]# cmake ..
[root@localhost build]# make
[root@localhost build]# ctest -V
```

上述 ctest -V 的输出和使用第 8.1.2 节使用 ctest -V 的输出其实是一致的。其根本原因是没有在 C++的源码代码中编写测试用例。源码编写测试用例的方式需要 include 引入<gtest/gtest.h>文件，然后使用相关的函数如 EXPECT_EQ()等。这部分知识不在本书的范围内，因此不再展开。

类似的，Catch2 或 Boost.Test 也可通过查找库并创建运行器。

8.1.4 高级功能与扩展

CTest 提供了丰富的扩展功能，能够满足复杂项目中多样化的测试需求。这些功能通过高级配置和命令实现，支持测试依赖管理、动态测试生成、资源分配、环境控制以及与外部工具的集成。以下详细介绍这些功能及其具体应用场景。

(1) 测试依赖管理

在多测试场景中，某些测试可能依赖于其他测试的完成(如初始化数据或环境)。CTest 通过 DEPENDS 属性指定测试间的依赖关系，确保按正确顺序执行。例如，假设一个测试 SetupTest 负责创建配置文件，另一个测试 MainTest 依赖该文件：

```
add_test(NAME SetupTest COMMAND setup_script --init)
add_test(NAME MainTest COMMAND main_test --run)
set_tests_properties(MainTest PROPERTIES DEPENDS SetupTest)
```

上述命令中，SetupTest 将在 MainTest 之前运行。如果 SetupTest 失败，MainTest 将被跳过。这种依赖管理适用于需要分阶段执行的集成测试场景，如数据库初始化后验证查询功能。

(2) 动态测试生成

当测试用例的数量或参数动态变化时(例如数据驱动测试)，可通过 CMake 脚本动态生成测试用例。结合 foreach 循环或自定义函数，可以批量创建测试。例如，测试一个函数对不同输入文件的处理效果：

```
set(INPUT_FILES file1.txt file2.txt file3.txt)
foreach(INPUT ${INPUT_FILES})
    add_test(NAME "Test_${INPUT}" COMMAND MyExecutable --input ${INPUT})
    set_tests_properties("Test_${INPUT}" PROPERTIES TIMEOUT 10)
endforeach()
```

上述配置命令中，为每个输入文件生成一个测试用例(如 Test_filc1.txt)，并设置统一的超时时间。动态生成适用于参数化测试或批量验证，常见于算法验证或文件处理场景。

(3) 资源管理与锁机制

在并行测试中，多个测试可能竞争共享资源(如文件、端口、数据库连接)，导致冲突。CTest 通过 RESOURCE_LOCK 属性为测试分配独占资源。例如，假设两个测试需要写入同一日志文件：

```
add_test(NAME TestA COMMAND test_program --log output.log)
```

```
add_test(NAME TestB COMMAND test_program --log output.log)
set_tests_properties(TestA PROPERTIES RESOURCE_LOCK LogFile)
set_tests_properties(TestB PROPERTIES RESOURCE_LOCK LogFile)
```

RESOURCE_LOCK LogFile 确保 TestA 和 TestB 不会同时访问 output.log，避免写冲突。CTest 会自动序列化这些测试，适用于需要独占硬件或文件系统的测试场景。

(4) 环境变量控制

测试可能依赖特定环境变量(如 PATH、临时目录)。CTest 通过 ENVIRONMENT 属性为测试设置环境变量。例如，测试程序需要自定义的 TMPDIR:

```
add_test(NAME EnvTest COMMAND test_program --temp)
set_tests_properties(EnvTest PROPERTIES ENVIRONMENT "TMPDIR=/tmp/test_dir")
```

此配置在运行 EnvTest 时设置 TMPDIR 为/tmp/test_dir。环境变量控制支持跨平台测试，特别是在 Linux 和 Windows 之间切换时，确保测试环境一致。

(5) 测试资源分配

在资源受限的环境中，CTest 通过 COST 属性为测试分配优先级，优化并行调度。例如，假设 HeavyTest 需要更多计算资源:

```
add_test(NAME HeavyTest COMMAND heavy_program --compute)
add_test(NAME LightTest COMMAND light_program --quick)
set_tests_properties(HeavyTest PROPERTIES COST 10.0)
set_tests_properties(LightTest PROPERTIES COST 1.0)
```

COST 值高的测试(HeavyTest)将被优先调度到空闲资源，减少总运行时间。此功能适用于大型测试套件，优化 CI 环境中的资源利用率。

(6) 自定义测试输出解析

对于非标准输出的测试程序，CTest 支持通过 PASS_REGULAR_EXPRESSION 和 FAIL_REGULAR_EXPRESSION 属性自定义成功/失败条件。例如，测试程序输出 JSON 格式的结果:

```
add_test(NAME JsonTest COMMAND json_program --validate)
set_tests_properties(JsonTest PROPERTIES
```

```
    PASS_REGULAR_EXPRESSION "\"status\": \"success\""
    FAIL_REGULAR_EXPRESSION "\"status\": \"error\"")
```

此配置检查输出是否包含"status": "success"，若包含"status": "error"则标记失败。自定义解析适用于特殊格式的测试输出。

(7) 跨平台测试适配

在跨平台项目中，测试命令可能因操作系统而异。CTest 通过 if(CMAKE_SYSTEM_NAME)条件适配不同平台。参考命令如下：

```
if(WIN32)
    add_test(NAME PlatformTest COMMAND test_program.exe --windows)
else()
    add_test(NAME PlatformTest COMMAND test_program --unix)
endif()
```

此配置根据平台选择合适的测试命令，确保 Linux 和 Windows 测试一致。结合环境变量(如 PATH)和路径规范化(如 CMAKE_EXECUTABLE_SUFFIX)，可进一步优化跨平台支持。

8.2 打包和分发工具：CPack

8.2.1 CPack 概述

CPack 是 CMake 生态系统中的打包工具，旨在为软件项目生成标准化的分发包。它通过利用 CMake 的构建配置，高效创建适用于多种平台的安装包和源代码包，可简化开发者在不同操作系统和分发渠道上的部署工作。

CPack 的主要优势包括：

● 跨平台支持：支持多种操作系统(如 Windows、Linux、macOS)和打包格式。

● 灵活性：允许用户自定义安装包的内容、结构和安装逻辑。

● 与 CMake 无缝集成：复用 CMake 的变量和目标，无需额外配置复杂的打包工具。

● 模块化：支持多种生成器(如 DEB、RPM、NSIS 等)，用户可根据需求选择。

作为 CMake 的扩展模块，CPack 能够根据项目需求生成多样化的包格式，包括但不限于压缩归档(如 ZIP、TGZ)、系统特定的安装包(如 Linux 的 DEB 和 RPM、Windows 的 NSIS、macOS 的 DMG)以及源代码分发包。

CPack 的工作机制依赖于 CMake 的安装规则和变量设置。开发者通过在 CMakeLists.txt 中定义包的元信息(如名称、版本)、目标文件和安装路径，指导 CPack 生成符合预期的包。此外，CPack 提供细粒度的控制选项，支持组件化打包、自定义安装脚本以及平台特定的元数据配置，满足多样化的分发需求。

CPack 的工作流程通常包括以下步骤：

①在 CMakeLists.txt 中配置 CPack 相关变量。

②运行 cmake 生成构建系统。

③执行 cpack 命令生成安装包。

8.2.2 CPack 的基本配置

CPack 的基本配置主要通过在 CMakeLists.txt 文件中设置 CPack 相关变量来实现，这些变量定义了安装包的信息、打包格式、文件结构等。以下将详细介绍 CPack 基本配置的步骤、核心变量、配置方法、实际应用场景以及潜在的注意事项。

(1) 引入 CPack 模块

要启用CPack功能，必须在CMakeLists.txt中显式包含CPack模块。这是CPack配置的第一步，通常放在文件的末尾，以确保其他 CMake 配置(如安装目标)已定义。参考命令如下：

```
include(CPack)
```

include(CPack)加载 CPack 模块后，将启用其变量和功能，并自动生成 CPackConfig.cmake(二进制包)和 CPackSourceConfig.cmake(源代码包)文件，供 cpack 命令使用。

同时需要确保 include(CPack)位于 install()命令之后，CPack 依赖安装规则确定打包内容。如果无 install()规则时，CPack 将生成空包。

(2) 核心 CPack 变量

CPack 提供多种变量，用于配置安装包的信息、格式和行为。定义核心 CPack 变量的参考命令如下(以下基本配置中的核心变量说明见附录 2):

```
# 包含 CPack 模块
include(CPack)
# 项目基本信息
set(CPACK_PACKAGE_NAME "HelloWorld")
set(CPACK_PACKAGE_VENDOR "MyCompany")
set(CPACK_PACKAGE_CONTACT "support@mycompany.com")
set(CPACK_PACKAGE_DESCRIPTION_SUMMARY "A sample project")
set(CPACK_PACKAGE_VERSION "1.0.0")
set(CPACK_PACKAGE_VERSION_MAJOR "1")
set(CPACK_PACKAGE_VERSION_MINOR "0")
set(CPACK_PACKAGE_VERSION_PATCH "0")
set(CPACK_PACKAGE_INSTALL_DIRECTORY "HelloWorld-1.0")
# 许可证和自述文件(文件必须存在)
set(CPACK_RESOURCE_FILE_LICENSE"${CMAKE_SOURCE_DIR}/LICENSE.txt")
set(CPACK_RESOURCE_FILE_README "${CMAKE_SOURCE_DIR}/README.txt")
```

上述命令主要设置项目名称、公司名称、项目表示、版本号以及 License 文件等。

(3) 设置打包格式(生成器)

CPack 支持多种生成器，适用于不同的操作系统和分发需求。常见的生成器包括:

归档文件生成器:

- ZIP: 生成 ZIP 压缩包，跨平台通用。
- TGZ: 生成 tar.gz 压缩包，常用于 Unix 系统。

- TBZ2：生成 tar.bz2 压缩包。

Linux 发行版包：

- DEB：生成 Debian 软件包，适用于 Ubuntu、Debian 等系统。
- RPM：生成 RPM 软件包，适用于 Fedora、CentOS 等系统。

Windows 安装程序：

- NSIS：使用 NSIS(Nullsoft Scriptable Install System)生成 Windows 安装程序。
- WIX：使用 WiX 工具生成 MSI 安装包。

macOS 安装包：

- Bundle：生成 macOS 应用程序束(.app)。
- DragNDrop：生成 DMG 磁盘映像文件。
- PackageMaker：生成 macOS 的 PackageMaker 安装包(较老，已逐渐被废弃)。

源代码包：

- TGZ、TBZ2：生成包含源代码的压缩包。
- ZIP：生成源代码 ZIP 包。

用户可通过 CPACK_GENERATOR 变量打包生成的二进制文件，可以指定一个或多个打包格式。参考命令如下：

```
set(CPACK_GENERATOR "ZIP;TGZ;DEB")
```

上述命令会将二进制文件打三个包，即.zip、.tar.gz 和.deb 结尾的包。

用户可通过 CPACK_SOURCE_GENERATOR 变量打包生成的源码文件，可以指定一个或多个打包格式。参考命令如下：

```
# set(CPACK_SOURCE_GENERATOR "TGZ;ZIP")
```

上述命令会将源码文件打包成.zip 和.tar.gz 结尾的包。

(4) 生成二进制包和源码包

生成二进制包，使用 cmake 命令编译后，使用 cpack 命令。参考命令如下：

```
[root@localhost build]# cmake ..
[root@localhost build]# cpack
```

根据以上四个步骤的配置，将生成三种类型的打包文件，参考如下(省略部分输出)：

```
[root@localhost build]# ll
-rw-r--r--. 1 root root  3348  4月 17日 14:38 HelloWorld-1.0.0-Linux.deb
-rw-r--r--. 1 root root  2838  4月 17日 14:38 HelloWorld-1.0.0-Linux.tar.gz
-rw-r--r--. 1 root root  3126  4月 17日 14:38 HelloWorld-1.0.0-Linux.zip
```

上述三个包解压后，包中都会有相应的二进制可执行文件。

生成源码包的参考命令如下：

```
cpack --config CPackSourceConfig.cmake
```

根据以上四个步骤的配置，将生成两种类型的打包文件，参考如下(省略部分输出)：

```
[root@localhost build]# ll
-rw-r--r--. 1 root root  58537  4月 17日 14:50 HelloWorld-1.0.0-Source.tar.gz
-rw-r--r--. 1 root root 325182  4月 17日 14:50 HelloWorld-1.0.0-Source.zip
```

上述两个包解压后，包中都会有相应的源码文件。

8.3 本章小结

CTest 和 CPack 是 CMake 生态系统中两个关键的配套工具，分别专注于自动化测试和打包分发，共同为软件开发提供从构建到部署的全面支持，二者与 CMake 的无缝集成显著提升了项目开发的效率和可靠性。

CTest 作为 CMake 的测试框架，旨在自动化和管理项目的测试流程。它通过解析 CMakeLists.txt 中定义的测试用例，执行测试并生成详细的测试报告。CTest 支持多种测试类型，包括单元测试、集成测试和性能测试，并提供灵活的配置选项，如测试超时、并行执行和条件筛选。其与持续集成系统的良好兼容性使得开发者能够快速验证代码质量，确保软件在不同环境下的稳定性。

CPack 则聚焦于软件的分发环节，负责根据 CMake 的构建配置生成标准化的安装包和源代码包。它支持多种包格式，如 ZIP、DEB、RPM、NSIS 和 DMG，适配 Linux、Windows、macOS 等平台。CPack 的模块化架构允许开发者通过简单的变量设置定制包的元信息、内容和安装逻辑，支持组件化打包和平台特定的元数据配置。

第 9 章

CMake 与 CI/CD 的集成

9.1 CI/CD 概述

持续集成(Continuous Integration，CI)和持续部署(Continuous Deployment，CD)是现代软件开发中广泛采用的实践，旨在通过自动化和标准化流程提高开发效率、代码质量和软件交付速度。CI/CD 是 DevOps 文化的重要组成部分，帮助开发团队快速迭代、验证和发布软件，同时减少人为错误和部署风险。

持续集成(CI)的核心概念是指开发团队频繁地将代码更改集成到共享代码库(如 Git 仓库)中，并通过自动化构建和测试流程验证每次更改的正确性。其主要目标是尽早发现代码中的问题，确保代码库始终处于可工作状态。CI 的核心实践包括：

- 频繁提交代码：开发者定期(通常每天多次)将代码提交到版本控制系统，减少代码冲突并加速反馈循环。
- 自动化构建：每次代码提交后，CI 系统自动触发构建过程，将源代码编译为可执行文件或库文件。
- 自动化测试：通过运行单元测试、集成测试或其他测试用例，验证代码更改是否引入错误。
- 快速反馈：CI 系统向开发者提供构建和测试结果，快速暴露问题，方便及时修复。

例如，在 C/C++项目中，CI 系统可在每次提交时调用 CMake 生成构建文件(如

Makefile 或 Visual Studio 解决方案)，随后编译项目并运行测试用例，确保新代码与现有代码兼容。

持续部署(CD)的核心概念是持续集成的延伸，旨在自动化软件的发布和部署流程。CD 确保通过测试的代码更改能够快速、安全地部署到生产环境或分发给用户。CD 的核心实践包括：

- 自动化部署：通过脚本或工具将构建产物(如可执行文件、库文件或安装包)部署到目标环境(如服务器、云平台或用户设备)。
- 分发管理：使用打包工具(如 CMake 的 CPack 模块)生成标准化的安装包(如 DEB、RPM、ZIP)并发布到包管理器或下载平台。
- 持续监控：在部署后监控软件运行状态，确保新版本的稳定性。

在 CMake 项目中，CD 流程可能涉及使用 CPack 生成跨平台的安装包，并通过 CI/CD 平台(如 GitHub Actions)自动上传到 GitHub Releases 或包管理器(如 Conan、vcpkg)。

CMake 作为一款跨平台构建工具，在 CI/CD 流水线中扮演重要角色。它通过统一的 CMakeLists.txt 配置文件支持多平台构建，生成适用于不同操作系统和编译器的构建文件(如 Makefile、Ninja、Visual Studio 解决方案)。CMake 的模块化设计和对自动化测试(CTest)与打包(CPack)的支持，使其能无缝集成到 CI/CD 流程中。例如：

- 在 CI 阶段，CMake 可生成构建文件并编译项目，配合 CTest 执行测试用例。
- 在 CD 阶段，CPack 可生成标准化的分发包，并通过 CI/CD 平台发布到目标平台。

通过将 CMake 集成到 CI/CD 流水线，开发者能实现跨平台的自动化构建、测试和部署，显著提升开发效率和软件质量。后续内容将详细介绍如何在主流 CI/CD 平台(如 GitHub Actions、GitLab CI 和 Jenkins)中配置 CMake 工作流，以及如何利用 CTest 和 CPack 实现自动化测试与打包。

9.2 在 GitHub Actions 中使用 CMake

GitHub Actions 是 GitHub 平台的内建功能。在你的项目仓库中添加一个.github/workflows/目录，并在其中放置一个.yml 文件，GitHub 就会自动识别并执行这个工作流程。

GitHub Actions 可以通过工作流文件(.yml)定义自动化任务，支持构建、测试和部署等流程。CMake 与 GitHub Actions 的集成能够高效实现 C/C++项目的跨平台构建、自动化测试和安装包发布。本节介绍如何配置 GitHub Actions 工作流，结合 CMake、CTest 和 CPack 完成从代码提交到分发的全流程自动化。

9.2.1 配置 GitHub Actions 工作流

GitHub Actions 工作流定义在.github/workflows/目录下的 YAML 文件中，例如 cmake-build.yml。一个典型的工作流包括触发条件(如代码推送)、运行环境(如 Ubuntu、Windows)，以及执行步骤(如安装 CMake、构建项目、运行测试)。以下是一个简单的 CMake 项目工作流示例:

```
name: CMake Build
on:
  push:
    branches: [ main ]
  pull_request:
    branches: [ main ]
jobs:
  build:
    runs-on: ${{ matrix.os }}
    strategy:
      matrix:
        os: [ubuntu-latest, windows-latest]
    steps:
    - uses: actions/checkout@v4
    - name: Install CMake
      run: |
        sudo apt-get update && sudo apt-get install -y cmake  # Ubuntu
        choco install cmake --installargs 'ADD_CMAKE_TO_PATH= System'  # Windows
      if: matrix.os == 'ubuntu-latest' || matrix.os == 'windows- latest'
    - name: Configure CMake
```

```
      run: cmake -S . -B build -DCMAKE_BUILD_TYPE=Release
    - name: Build
      run: cmake --build build --config Release
```

以下是对上述 YAML 文件内容的解释。

name：定义工作流名称为“CMake Build”，显示在 GitHub Actions 界面。

on：指定触发条件，push 和 pull_request 表示在推送代码或提交拉取请求到 main 分支时触发工作流。

jobs：定义工作流的任务，build 是任务名称。

runs-on：指定运行环境，使用${{ matrix.os }}动态选择操作系统。

strategy.matrix：定义多平台矩阵，支持 ubuntu-latest 和 windows-latest，工作流将为每个操作系统运行一次。

steps：定义任务的具体步骤。

uses: actions/checkout@v4：检出代码到运行环境。

Install CMake：根据操作系统安装 CMake(Ubuntu 使用 apt-get，Windows 使用 Chocolatey)。

Configure CMake：运行 cmake -S . -B build 配置项目，生成构建文件到 build 目录，-DCMAKE_BUILD_TYPE=Release 指定发布模式。

Build：运行 cmake --build build 编译项目，--config Release 指定构建配置。

此工作流在代码推送或拉取请求时触发，支持 Ubuntu 和 Windows 平台，将安装 CMake，配置并构建项目。

9.2.2 使用 CMake 构建 C/C++项目的示例

以下以一个简单的 C++项目作为示例，其 CMakeLists.txt 包含以下内容：

```
cmake_minimum_required(VERSION 3.31)
project(HelloWorld)
add_executable(hello src/main.cpp)
```

为了加速构建，可使用 Ninja 生成器，GitHub Actions 工作流配置如下：

```
- name: Install Ninja
  run: |
```

```
      sudo apt-get install -y ninja-build  # Ubuntu
      choco install ninja  # Windows
    if: matrix.os == 'ubuntu-latest' || matrix.os == 'windows- latest'
  - name: Configure CMake
    run: cmake -S . -B build -DCMAKE_BUILD_TYPE=Release -G Ninja
  - name: Build
    run: cmake --build build --config Release
```

以下是对上述 YAML 文件内容的解释。

- Install Ninja：安装 Ninja 生成器，Ubuntu 使用 apt-get install ninja-build，Windows 使用 choco install ninja，if 条件确保根据操作系统执行相应命令。
- Configure CMake：运行 cmake -S . -B build 配置项目，-G Ninja 指定使用 Ninja 生成器，-DCMAKE_BUILD_TYPE=Release 设置发布模式，生成构建文件到 build 目录。
- Build：运行 cmake --build build 编译项目，--config Release 指定发布构建配置，Ninja 生成器加速编译过程。

CMake 的跨平台特性确保同一份 CMakeLists.txt 能适应不同环境。在 Windows 上，可替换为-G "Visual Studio 17 2022"生成 Visual Studio 解决方案，以简化 CI 配置。

9.2.3 集成 CTest 进行自动化测试

CMake 的 CTest 模块支持在 CI 中运行测试用例。假设项目包含测试代码，可向 CMakeLists.txt 中添加如下内容：

```
enable_testing()
add_test(NAME UnitTest COMMAND hello --test)
```

在 GitHub Actions 中，添加测试步骤：

```
  - name: Run Tests
    run: |
      cd build
      ctest --output-on-failure --build-config Release
  - name: Test Coverage
    run: |
```

```
    sudo apt-get install -y gcovr
    gcovr --xml -r . > coverage.xml
  if: matrix.os == 'ubuntu-latest'
- name: Upload Coverage
  uses: codecov/codecov-action@v4
  with:
    files: ./coverage.xml
```

以下是对上述 YAML 文件内容的解释。

- Run Tests：进入 build 目录，运行 ctest --output-on-failure 执行测试用例，失败时输出详细错误信息，--build-config Release 指定测试基于发布配置。
- Test Coverage：在 Ubuntu 上安装 gcovr，生成测试覆盖率报告(coverage.xml)，if 条件限制仅在 Ubuntu 运行。
- Upload Coverage：使用 codecov/codecov-action@v4 上传覆盖率报告，files 指定报告文件路径，上传至 Codecov 平台以显示覆盖率结果。

此步骤在构建后运行测试，可用于验证代码质量，可选择生成覆盖率报告。

9.2.4 使用 CPack 生成并发布安装包

CPack 支持生成跨平台安装包并在 CI 中发布。修改 CMakeLists.txt 以配置 CPack：

```
set(CPACK_PACKAGE_NAME "HelloWorld")
set(CPACK_PACKAGE_VERSION "1.0.0")
set(CPACK_GENERATOR "ZIP;DEB")
include(CPack)
```

在工作流中添加打包和发布步骤：

```
- name: Package
  run: |
    cd build
    cpack -G ZIP -C Release
    cpack -G DEB -C Release
- name: Upload Artifacts
  uses: actions/upload-artifact@v4
```

```
      with:
        name: packages
        path: build/*.zip;build/*.deb
    - name: Release
      uses: softprops/action-gh-release@v2
      if: startsWith(github.ref, 'refs/tags/')
      with:
        files: build/*.zip;build/*.deb
      env:
        GITHUB_TOKEN: ${{ secrets.GITHUB_TOKEN }}
```

以下是对上述 YAML 文件内容的解释。

- Package：进入 build 目录，运行 cpack -G ZIP 和 cpack -G DEB 生成 ZIP 和 DEB 格式的安装包，-C Release 指定基于发布配置。
- Upload Artifacts：使用 actions/upload-artifact@v4 上传生成的*.zip 和*.deb 文件，name: packages 定义产物名称，path 指定文件路径。
- Release：使用 softprops/action-gh-release@v2 在创建标签时将安装包发布到 GitHub Releases，if 条件限制仅在标签推送时执行，files 指定上传文件，GITHUB_TOKEN 用于认证。

通过简单的 YAML 配置，我们就可以实现基于 GitHub Actions 与 CMake 的跨平台构建、测试和打包。除上述示例外，开发者还可根据项目需求扩展工作流，例如添加多编译器支持(如 GCC、Clang、MSVC)或集成 vcpkg 管理依赖等。

9.3 在 GitLab CI 中使用 CMake

GitLab CI 是 GitLab 提供的集成 CI/CD 平台，其通过.gitlab-ci.yml 文件定义自动化构建、测试和部署流程。若要在 GitLab 平台上进行 CI/CD，那么需要安装并注册 GitLab Runner。如果你使用的是官方托管的 GitLab，则不需要安装，只需要在项目根目录添加.gitlab-ci.yml 文件，提交代码即可自动触发 CI/CD。如果是自建的 GitLab 服务器，同样需要安装并注册 GitLab Runner。

以下是 Ubuntu 系统上安装 GitLab Runner 的方法：

```
sudo apt-get install gitlab-runner
sudo gitlab-runner register
```

安装并注册时，需要提供 GitLab 实例地址，项目用的注册 token 和 Runner 的执行方式等。

CMake 与 GitLab CI 的结合能够高效实现 C/C++项目的跨平台构建、自动化测试和安装包发布。接下来介绍如何配置 GitLab CI 工作流，结合 CMake、CTest 和 CPack 完成从代码提交到分发的自动化流程，并展示多平台构建和缓存优化的实践。

9.3.1 配置 GitLab CI 工作流

GitLab CI 工作流通过项目根目录下的.gitlab-ci.yml 文件定义，包含触发条件(如代码推送)、运行环境(如 Docker 镜像)以及执行阶段(如构建、测试)。以下是一个简单的 CMake 项目工作流示例(适用于 Linux 环境):

```
stages:
  - build
  - test
  - package
build_job:
  stage: build
  image: ubuntu:22.04
  script:
    - apt-get update && apt-get install -y cmake g++ ninja-build
    - cmake -S . -B build -DCMAKE_BUILD_TYPE=Release -G Ninja
    - cmake --build build --config Release
  artifacts:
    paths:
      - build/
```

以下是对上述 YAML 文件内容的解释。

stages：定义工作流的阶段(build、test、package)，按顺序执行。

build_job：定义构建任务，属于 build 阶段。

image：指定运行环境为 Ubuntu 22.04 的 Docker 镜像。

script：执行命令序列：

- 安装 CMake、g++和 Ninja(apt-get install)；
- 配置 CMake 项目(cmake -S . -B build)，使用 Ninja 生成器(-G Ninja)，设置发布模式(-DCMAKE_BUILD_TYPE=Release)；
- 编译项目(cmake --build build)。

artifacts：保存 build/目录作为构建产物，供后续阶段使用。

此工作流在代码推送时触发，安装依赖，配置并构建 CMake 项目。

9.3.2 多平台构建配置

GitLab CI 支持多平台构建，可通过不同镜像或 Runner 标签实现。以下示例扩展为 Linux(Ubuntu)和 Windows(MSYS2)构建：

```
build_linux:
  stage: build
  image: ubuntu:22.04
  script:
    - apt-get update && apt-get install -y cmake g++ ninja-build
    - cmake -S . -B build -DCMAKE_BUILD_TYPE=Release -G Ninja
    - cmake --build build --config Release
  artifacts:
    paths:
      - build/
build_windows:
  stage: build
  image: msys2/msys2:latest
  script:
    - pacman -S --noconfirm mingw-w64-x86_64-cmake mingw-w64-x86_64-gcc mingw-w64-x86_64-ninja
    - cmake -S . -B build -DCMAKE_BUILD_TYPE=Release -G Ninja
    - cmake --build build --config Release
  artifacts:
    paths:
      - build/
```

以下是对上述 YAML 文件内容的解释。

build_linux：Linux 构建任务，使用 Ubuntu 22.04 镜像，安装 CMake、g++ 和 Ninja，配置并编译项目。

build_windows：Windows 构建任务，使用 MSYS2 镜像，安装 MinGW 工具链(pacman -S)，配置并编译项目。

image：为每个平台指定不同 Docker 镜像(Ubuntu 和 MSYS2)。

script：根据平台安装依赖，CMake 命令保持一致，使用 Ninja 生成器跨平台构建。

artifacts：保存 build/目录，供后续测试或打包使用。

9.3.3 集成 CTest 进行自动化测试

以下以一个简单的 C++项目作为示例，其 CMakeLists.txt 包含以下内容：

```
cmake_minimum_required(VERSION 3.31)
project(HelloWorld)
add_executable(hello src/main.cpp)
enable_testing()
add_test(NAME UnitTest COMMAND hello --test)
```

在 GitLab CI 中添加测试阶段：

```
test_job:
  stage: test
  image: ubuntu:22.04
  dependencies:
    - build_linux
  script:
    - apt-get update && apt-get install -y cmake
    - cd build
    - ctest --output-on-failure --build-config Release
  artifacts:
    reports:
      junit: build/test-report.xml
```

以下是对上述 YAML 文件内容的解释。

test_job：测试任务，属于 test 阶段。

image：使用 Ubuntu 22.04 镜像，与构建阶段一致。

dependencies：依赖 build_linux 任务，获取其 build/目录产物。

script：进入 build/目录，运行 ctest --output-on-failure 执行测试，失败时输出错误信息，--build-config Release 指定发布配置。

artifacts.reports：生成 JUnit 格式的测试报告(test-report.xml)，供 GitLab CI 显示测试结果。

以上配置在构建后运行测试，验证代码质量，可通过 GitLab 界面查看测试报告。

9.3.4 使用 CPack 生成并发布安装包

CPack 支持生成跨平台安装包。修改 CMakeLists.txt：

```
set(CPACK_PACKAGE_NAME "HelloWorld")
set(CPACK_PACKAGE_VERSION "1.0.0")
set(CPACK_GENERATOR "ZIP;DEB")
include(CPack)
```

在 GitLab CI 的.gitlab-ci.yml 文件中添加打包阶段：

```
package_job:
  stage: package
  image: ubuntu:22.04
  dependencies:
    - build_linux
  script:
    - apt-get update && apt-get install -y cmake
    - cd build
    - cpack -G ZIP -C Release
    - cpack -G DEB -C Release
  artifacts:
    paths:
      - build/*.zip
      - build/*.deb
```

以下是对上述 YAML 文件内容的解释。

package_job：打包任务，属于 package 阶段。

image：使用 Ubuntu 22.04 镜像。

dependencies：依赖 build_linux 任务，获取构建产物。

script：进入 build/目录，运行 cpack -G ZIP 和 cpack -G DEB 生成 ZIP 和 DEB 包，-C Release 指定发布配置。

artifacts：保存生成的*.zip 和*.deb 文件，供下载或发布。

以上配置生成的包可通过 GitLab 的 Artifacts 功能下载，或配置发布到 GitLab Packages。

9.3.5 缓存 CMake 配置以加速构建

GitLab CI 支持缓存 CMake 生成的文件(如 CMakeCache.txt)，减少重复配置时间。

```
cache:
  paths:
    - build/CMakeCache.txt
    - build/CMakeFiles/
build_job:
  stage: build
  image: ubuntu:22.04
  cache:
    paths:
      - build/CMakeCache.txt
      - build/CMakeFiles/
  script:
    - apt-get update && apt-get install -y cmake g++ ninja-build
    - cmake -S . -B build -DCMAKE_BUILD_TYPE=Release -G Ninja
    - cmake --build build --config Release
```

以下是对上述 YAML 文件内容的解释。

cache：全局缓存配置，保存 build/CMakeCache.txt 和 build/CMakeFiles/，在不同运行间复用。

build_job.cache：任务级缓存，覆盖全局配置，确保构建任务使用缓存。

script：与之前相同，若缓存存在，CMake 可跳过部分配置步骤，加速构建。

以上配置可以显著减少重复配置时间，适合大型项目。

GitLab CI 通过.gitlab-ci.yml 与 CMake 集成，即可实现跨平台构建、测试和打包。开发者还可扩展配置，例如添加 Windows MSVC 支持或发布到 GitLab Packages。

9.4 在 Jenkins 中使用 CMake

Jenkins 是一款开源的 CI/CD 服务器，通过管道文件(Jenkinsfile)定义自动化构建、测试和部署流程，广泛用于企业级项目。CMake 与 Jenkins 的集成同样能够高效实现 C/C++项目的跨平台构建、自动化测试和安装包发布。

本节介绍如何配置 Jenkins 管道，结合 CMake、CTest 和 CPack 完成从代码提交到分发的自动化流程，并展示多节点分布式构建和增量构建的实践。

9.4.1 配置 Jenkins 管道

Jenkins 管道通过项目根目录下的 Jenkinsfile 定义，使用 Groovy 语法描述构建流程。以下是一个简单的 CMake 项目管道示例，适用于 Linux 环境：

```
pipeline {
    agent { docker { image 'ubuntu:22.04' } }
    stages {
        stage('Install') {
            steps {
                sh 'apt-get update && apt-get install -y cmake g++ ninja-build'
            }
        }
        stage('Configure') {
            steps {
                sh 'cmake -S . -B build -DCMAKE_BUILD_TYPE=Release -G Ninja'
            }
        }
        stage('Build') {
            steps {
```

```
                sh 'cmake --build build --config Release'
            }
        }
    }
}
```

以下是对上述 Jenkinsfile 内容的解释。

pipeline：定义 Jenkins 声明式管道。

agent：指定运行环境，使用 Ubuntu 22.04 的 Docker 镜像。

stages：定义管道的阶段，包含 Install、Configure 和 Build。

stage('Install')：安装 CMake、g++和 Ninja，steps 中的 sh 执行 Shell 命令。

stage('Configure')：运行 cmake -S . -B build 配置项目，-G Ninja 使用 Ninja 生成器，-DCMAKE_BUILD_TYPE=Release 设置发布模式。

stage('Build')：运行 cmake --build build 编译项目，--config Release 指定发布配置。

此管道在代码提交时触发，安装依赖，配置并构建 CMake 项目。

9.4.2 使用 CMake 进行增量构建

Jenkins 支持增量构建，仅编译修改的文件以加速流程。CMake 通过缓存(如 CMakeCache.txt)天然支持增量构建。以下示例扩展为 Linux 增量构建：

```
pipeline {
    agent { docker { image 'ubuntu:22.04' } }
    stages {
        stage('Install') {
            steps {
                sh 'apt-get update && apt-get install -y cmake g++ ninja-build'
            }
        }
        stage('Configure and Build') {
            steps {
                sh '''
                    if [ ! -d build ]; then
```

```
                    cmake -S . -B build -DCMAKE_BUILD_TYPE= Release -G Ninja
                fi
                cmake --build build --config Release
            '''
        }
    }
  }
}
```

以下是对上述Jenkinsfile内容的解释。

stage('Configure and Build'): 合并配置和构建步骤，sh中的条件语句检查build目录是否存在。

条件逻辑：若build目录不存在(首次构建)，运行cmake -S . -B build配置项目；否则跳过配置，利用缓存直接进行构建。

cmake --build：执行增量构建，仅编译修改的文件，加速构建过程。

以上增量构建利用 CMake 缓存，减少重复配置和编译时间，适合频繁提交的大型项目。

9.4.3 集成CTest进行自动化测试

以下以一个简单的C++项目作为示例，其CMakeLists.txt包含以下内容:

```
cmake_minimum_required(VERSION 3.20)
project(HelloWorld)
add_executable(hello src/main.cpp)
enable_testing()
add_test(NAME UnitTest COMMAND hello --test)
```

在Jenkins管道中添加测试阶段:

```
pipeline {
    agent { docker { image 'ubuntu:22.04' } }
    stages {
        stage('Install') {
            steps {
```

```
                sh 'apt-get update && apt-get install -y cmake g++ ninja-build'
            }
        }
        stage('Configure') {
            steps {
                sh 'cmake -S . -B build -DCMAKE_BUILD_TYPE=Release -G Ninja'
            }
        }
        stage('Build') {
            steps {
                sh 'cmake --build build --config Release'
            }
        }
        stage('Test') {
            steps {
                sh '''
                    cd build
                    ctest --output-on-failure --build-config Release
                    gcovr --xml -r .. > test-coverage.xml
                '''
                archiveArtifacts    artifacts:    'build/test-coverage.    xml',
allowEmptyArchive: true
            }
        }
    }
}
```

以下是对上述 Jenkinsfile 内容的解释。

stage('Test'): 测试阶段，执行 CTest 测试和覆盖率分析。shell 命令是进入 build 目录，运行 ctest --output-on-failure 执行测试，失败时输出错误信息，--build-config Release 指定发布配置；gcovr --xml 生成覆盖率报告。

archiveArtifacts：保存 test-coverage.xml 作为构建产物，供 Jenkins 插件(如 JUnit)显示测试结果或覆盖率。

此配置验证代码质量并生成覆盖率报告，供后续分析。

9.4.4 使用 CPack 生成和发布安装包

CPack 支持生成跨平台安装包。修改 CMakeLists.txt:

```
set(CPACK_PACKAGE_NAME "HelloWorld")
set(CPACK_PACKAGE_VERSION "1.0.0")
set(CPACK_GENERATOR "ZIP;DEB")
include(CPack)
```

在管道中添加打包阶段:

```
pipeline {
    agent { docker { image 'ubuntu:22.04' } }
    stages {
        stage('Install') {
            steps {
                sh 'apt-get update && apt-get install -y cmake g++ ninja-build'
            }
        }
        stage('Configure') {
            steps {
                sh 'cmake -S . -B build -DCMAKE_BUILD_TYPE=Release-G Ninja'
            }
        }
        stage('Build') {
            steps {
                sh 'cmake --build build --config Release'
            }
        }
        stage('Package') {
            steps {
                sh '''
                    cd build
                    cpack -G ZIP -C Release
```

```
                    cpack -G DEB -C Release
                '''
                archiveArtifacts  artifacts:  'build/*.zip,build/  *.deb',
allowEmptyArchive: true
            }
        }
    }
}
```

以下是对上述Jenkinsfile内容的解释。

stage('Package'): 打包阶段，生成安装包。shell命令是进入build目录，运行cpack -G ZIP和cpack -G DEB生成ZIP和DEB包，-C Release指定发布配置。

archiveArtifacts: 保存*.zip和*.deb文件作为构建产物，供下载或发布。

以上生成的包可通过Jenkins界面下载，或配置发布到外部存储(如Nexus、Artifactory)。

9.4.5 处理多节点分布式构建

Jenkins支持多节点分布式构建，利用不同节点运行Linux和Windows构建。假设有两个节点: linux-node和windows-node。示例Jenkinsfile如下:

```
pipeline {
    agent none
    stages {
        stage('Build') {
            parallel {
                stage('Linux') {
                    agent { label 'linux-node' }
                    steps {
                        sh 'apt-get update && apt-get install -y cmake g++
ninja-build'
                        sh 'cmake -S . -B build -DCMAKE_BUILD_ TYPE=Release -G
Ninja'
                        sh 'cmake --build build --config Release'
```

```
                }
            }
            stage('Windows') {
                agent { label 'windows-node' }
                steps {
                    bat    'choco    install    cmake    ninja    --installargs
"ADD_CMAKE_TO_PATH=System"'
                    bat 'cmake -S . -B build -DCMAKE_BUILD_ TYPE=Release -G
"Visual Studio 17 2022"'
                    bat 'cmake --build build --config Release'
                }
            }
        }
    }
  }
}
```

以下是对上述 Jenkinsfile 内容的解释。

agent none：管道顶层不指定默认节点，允许各阶段选择节点。

stage('Build')：构建阶段，使用 parallel 并行执行了阶段。

stage('Linux')：在 linux-node 上运行，使用 Ubuntu 环境，安装工具并使用 Ninja 构建。

stage('Windows')：在 windows-node 上运行，使用 Chocolatey 安装工具并生成 Visual Studio 解决方案，bat 执行 Windows 命令。

steps：每个子阶段执行平台特定的 CMake 配置和构建命令。

以上配置可以分布式构建并行运行 Linux 和 Windows 任务，缩短总构建时间。

Jenkins 通过 Jenkinsfile 与 CMake 集成，可实现跨平台构建、测试和打包。开发者还可扩展管道，例如添加 MSVC 支持或集成 Artifactory 发布包。

9.5 本章小结

本章探讨了 CMake 在持续集成与持续部署(CI/CD)流水线中的应用，通过

GitHub Actions、GitLab CI 和 Jenkins，CMake 通过统一的 CMakeLists.txt 实现多平台构建，集成 CTest 运行测试、CPack 生成安装包，显著简化 CI/CD 流程。CMake 的模块化设计与主流 CI/CD 平台的无缝集成，助力开发者实现高效、可靠的自动化开发周期。关于 CMake 与包管理工具(如 vcpkg)或性能优化(如 Ninja)的进一步集成，或更复杂项目需求，推荐查阅 CMake 官方文档。

附　　录

附录 1：CMake 常用命令汇总

CMake 的命令繁多，附录 1 中列出的命令均为本书中使用过的命令，同时根据字母顺序进行排列(CMake 命令名不区分大小写)。

各命令的参数中，含小写字母的通常是需要用户提供的变量或字符串，全大写字母参数则表示关键字，是 CMake 的保留标识符，必须严格按原样书写。使用< >的参数表示必选参数，使用[ ]的参数表示可选参数或选项。

add_executablc()

作用：将指定的源文件编译成一个可执行文件。

语法格式：

```
add_executable(<target>
               [WIN32] [MACOSX_BUNDLE]
               [EXCLUDE_FROM_ALL]
               <source1> <source2> ... <sourceN>)
```

参数说明：

<target>：定义目标名称，即生成的可执行文件的名称。也可以是项目名称。

[WIN32]：在 Windows 平台上创建一个窗口程序。

[MACOSX_BUNDLE]：在 macOS 上创建一个应用程序包(.app)。

[EXCLUDE_FROM_ALL]：将目标从默认的构建目标中排除，只有显式构建时才会生成。

<source1> ... <sourceN>：目标所需要的源文件，可以是.cpp、.c 等文件。

add_library()

作用：创建库文件(静态库或动态共享库)。

语法格式：

```
add_library(<name>
            [STATIC | SHARED | MODULE | OBJECT | INTERFACE]
            [EXCLUDE_FROM_ALL]
            [<source>...]
            IMPORTED)
```

参数说明：

<name>：生成的库文件名称。

[STATIC | SHARED | MODULE | OBJECT | INTERFACE]:

- STATIC：创建静态库(.lib/.a)。
- SHARED：创建共享库(.dll/.so/.dylib)。
- MODULE：创建模块库，常用于插件。
- OBJECT：创建对象库，生成预编译的对象文件。
- INTERFACE：创建接口库。

[EXCLUDE_FROM_ALL]: 表示该库在默认构建时不被包含，必须显式指定构建。

[<source>...]：源文件列表，可以是单个文件或多个文件。

IMPORTED：创建导入目标。

add_subdirectory()

作用：将子目录添加到构建过程中。

语法格式：

```
add_subdirectory(<source_dir>
                 [binary_dir]
                 [EXCLUDE_FROM_ALL]
                 [OUTPUT_NAME <name>])
```

参数说明：

<source_dir>：这是要添加的子目录的路径。可以是相对路径或者绝对路径。

[<binary_dir>]：这是指定构建该子目录时生成中间文件和目标文件的目录。如果没有指定，CMake 会自动在<source_dir>目录下创建一个与其同名的 CMakeFiles 子目录作为构建目录。

[EXCLUDE_FROM_ALL]：该子目录的目标不会被包含到默认构建中，除非明确指定。

[OUTPUT_NAME <name>]：可以对<source_dir>目录进行重命名。

add_test()

作用：在 CMake 中用于添加测试用例到项目的测试集合中，以便通过 ctest 运行测试。

语法格式：

```
add_test(NAME <test_name>
         COMMAND executable [arg1 [arg2 ...]]
         [CONFIGURATIONS config1 [config2 ...]]
         [WORKING_DIRECTORY dir]
         [LABELS label1 [label2 ...]])
```

参数说明：

NAME <test_name>：指定测试的名称，唯一标识测试用例。

COMMAND executable [arg1 [arg2 ...]]：指定运行测试的可执行文件及其可选参数。

[CONFIGURATIONS config1 [config2 ...]]：指定测试运行的配置(如 Debug、Release)。

[WORKING_DIRECTORY dir]：指定测试运行时的工作目录。

[LABELS label1 [label2 ...]]：为测试添加标签，便于分类和过滤。

cmake_minimum_required()

作用：设置 cmake 命令读取当前 CMakeLists.txt 文件时需要的最低版本。

语法格式：

```
cmake_minimum_required(VERSION <version> [FATAL_ERROR])
```

参数说明：

VERSION <version>：指定所需的最低 CMake 版本号，如 3.31。也可以精确到补丁号，如 3.31.1。

[FATAL_ERROR]：用来指示当版本不满足时应立即抛出致命错误，同时终止 CMake 的配置过程。

cmake_path()

作用：cmake_path()命令是 CMake 3.20 版本引入的一个现代路径处理工具，旨在提供更一致、强大且跨平台的路径操作方式。它取代了部分传统命令(如 get_filename_component())的功能，并提供了更直观、更灵活的接口。

语法格式：

```
cmake_path(<operation> <path-var> [<options>])
```

参数说明：

<operation>：指定要执行的路径操作如：提取组件、规范化路径等(详细内容见第 4.2.2.2 节)。

<path-var>：输入和/或输出的路径变量。某些操作会修改此变量，某些操作会将结果存储到其他变量。

[<options>]：操作特定的选项，取决于具体的<operation>。

cmake_policy()

作用：用于设置或查询 CMake 策略(policy)，以控制 CMake 在处理某些行为时的兼容性或新旧行为。

语法格式：

```
cmake_policy(SET policy_id {OLD | NEW})
cmake_policy(GET policy_id variable)
cmake_policy(VERSION major.minor[.patch[.tweak]])
```

参数说明：

SET policy_id {OLD | NEW}：设置指定策略 policy_id 的行为，选择旧(OLD)或新(NEW)行为。

GET policy_id variable：查询指定策略 policy_id 的当前状态，并将其存储到变量 variable 中。

VERSION major.minor[.patch[.tweak]]：设置 CMake 策略版本，激活对应版

本的所有策略行为。

configure_file()

作用：用于从模板文件生成配置后的文件，它通常用于将包含变量占位符的输入文件处理为输出文件，替换其中的变量或条件表达式。

语法格式：

```
configure_file(<input>
               <output>
               [COPYONLY]
               [ESCAPE_QUOTES]
               [@ONLY]
               [NEWLINE_STYLE <style>]
               [NO_SOURCE_PERMISSIONS | USE_SOURCE_PERMISSIONS |
FILE_PERMISSIONS <perms>...])
```

参数说明：

<input>：指定输入文件的路径。

<output>：指定输出文件的路径。

[COPYONLY]：只复制文件，不进行变量替换。

[ESCAPE_QUOTES]：对替换后的内容中的引号(")进行转义，添加反斜杠(\)。

[@ONLY]：仅替换@VAR@形式的变量占位符，忽略${VAR}形式。

[NEWLINE_STYLE <style>]：指定输出文件的换行符样式。

<style>可选值如下：

- UNIX 或 LF：使用 Unix 风格的换行符\n。
- DOS 或 WIN32 或 CRLF：使用 Windows 风格的换行符\r\n。

文件权限相关选项，只能选其一：

- [NO_SOURCE_PERMISSION]S：不复制输入文件的权限，输出文件使用系统默认权限。
- [USE_SOURCE_PERMISSIONS]：复制输入文件的权限到输出文件。
- [FILE_PERMISSIONS <perms>...]：自定义输出文件的权限。

externalproject_add()

作用：由 ExternalProject 模块提供的命令，用于在构建时(不是配置时)自动下载、配置、构建并安装外部项目。

语法格式：

```
externalproject_add(<name>
    [PREFIX <prefix>]
    [SOURCE_DIR <source-dir>]
    [BINARY_DIR <binary-dir>]
    [INSTALL_DIR <install-dir>]
    [URL <url>] [URL_HASH <hash>]
    [DOWNLOAD_COMMAND <command>]
    [CONFIGURE_COMMAND <command>]
    [BUILD_COMMAND <command>]
    [INSTALL_COMMAND <command>]
    [TEST_COMMAND <command>]
    [CMAKE_ARGS <args>...]
    [BUILD_BYPRODUCTS <files>...]
    [LOG_DOWNLOAD ON|OFF]
    [LOG_CONFIGURE ON|OFF]
    [LOG_BUILD ON|OFF]
    [LOG_INSTALL ON|OFF]
    [LOG_TEST ON|OFF]
    ...)
```

参数说明：

<name>: 外部项目的唯一标识名,用于生成 target 名(例如<name>-download)。

[PREFIX]: 指定所有中间目录(下载、构建、安装等)的统一根路径(默认是 CMAKE_BINARY_DIR/_EP/<name>)。

[SOURCE_DIR]: 指定源码目录；如果是下载项目，可以自动解压到这个路径。

[BINARY_DIR]: 指定构建目录(适用于支持 out-of-source 构建的项目)。

[INSTALL_DIR]: 指定安装路径(默认是 PREFIX/install)。

[URL]: 指定要下载的压缩包或源码路径(支持 HTTP、FTP、file://)。

[URL_HASH]：指定压缩包的哈希值校验，格式为 SHA256=<hash>或 MD5=<hash>。

[DOWNLOAD_COMMAND]：自定义下载命令，替代默认下载行为。

[CONFIGURE_COMMAND]：配置命令(默认自动调用 CMake)。

[BUILD_COMMAND]：构建命令(默认自动调用 CMake 构建)。

[INSTALL_COMMAND]：安装命令(默认自动调用 CMake install)。

[TEST_COMMAND]：测试命令，可指定为""表示跳过测试。

[CMAKE_ARGS]：传递给外部项目 CMake 配置的参数(如-DCMAKE_INSTALL_PREFIX)。

[BUILD_BYPRODUCTS]：构建后会生成的文件，供其他目标依赖。

[LOG_DOWNLOAD]：是否记录下载日志。

[LOG_CONFIGURE]：是否记录 configure 日志。

[LOG_BUILD]：是否记录构建日志。

[LOG_INSTALL]：是否记录安装日志。

[LOG_TEST]：是否记录测试日志。

fetchcontent_declare()

作用：用于声明一个外部项目的获取方式(如 Git、URL、本地路径等)，但不自动下载或构建，仅注册该信息。

语法格式：

```
FetchContent_Declare(<name>
                     [URL <url>]
                     [URL_HASH <hash_type>=<hash>]
                     [DOWNLOAD_NAME <filename>]
                     [DOWNLOAD_DIR <download_dir>]
                     [SOURCE_DIR <source_dir>]
                     [BINARY_DIR <binary_dir>]
                     [GIT_REPOSITORY <git_repo_url>]
                     [GIT_TAG <git_tag>]
                     [GIT_SHALLOW TRUE|FALSE]
                     [GIT_PROGRESS TRUE|FALSE]
                     [GIT_SUBMODULES <submodule_list>]
```

```
                    [GIT_SUBMODULES_RECURSE TRUE|FALSE]
                    [FIND_PACKAGE_ARGS <args>...])
```

参数说明：

<name>：项目的唯一名称，用作标识和变量前缀。

[URL]：压缩包或源码的下载地址。

[URL_HASH]：下载文件的校验值(如 SHA256=...)，用于完整性验证。

[DOWNLOAD_NAME]：指定下载文件的名称。

[DOWNLOAD_DIR]：指定下载文件的保存目录。

[SOURCE_DIR]：指定解压或克隆后源码的路径。

[BINARY_DIR]：指定构建目录，通常用于外部项目的构建隔离。

[GIT_REPOSITORY]：Git 仓库地址。

[GIT_TAG]：Git 分支、标签或 commit 哈希值，用于确定具体版本。

[GIT_SHALLOW]：是否进行浅克隆，减少下载体积(TRUE/FALSE)。

[GIT_PROGRESS]：是否显示 Git 克隆进度(TRUE/FALSE)。

[GIT_SUBMODULES]：指定要初始化的子模块列表(默认全部)。

[GIT_SUBMODULES_RECURSE]：是否递归拉取子模块(TRUE/FALSE)。

[FIND_PACKAGE_ARGS]：当外部项目支持 find_package 时传递的额外参数。

fetchcontent_makeavailable()

作用：用于下载并解压或克隆之前通过 fetchcontent_declare()声明的外部项目，并自动将其加入当前构建。

语法格式.

```
fetchcontent_makeavailable(<name1> [<name2>...])
```

参数说明：

<name>:要启用的一个或多个通过 FetchContent_Declare 声明过的项目名称。

fetchcontent_populate()

作用：用于手动执行 fetchcontent_declare()所声明的内容的下载、解压或克隆操作，但不会自动将其添加到构建树中(不调用 add_subdirectory()命令)，适用于希望手动控制构建过程的情况。

语法格式：

```
fetchcontent_populate(<name>)
```

参数说明：

<name>：要获取的外部项目名称，必须是之前通过 FetchContent_Declare 声明过的名称。

find_package()

作用：用于查找和配置外部依赖库或软件包。

语法格式：

```
find_package(<PackageName>
             [version]
             [EXACT]
             [QUIET]
             [MODULE]
             [REQUIRED]
             [[COMPONENTS] [components...]]
             [OPTIONAL_COMPONENTS components...]
             [NO_POLICY_SCOPE])
```

参数说明：

<PackageName>：要查找的包的名称。

[version]：可以指定版本号，例如 1.0。

[EXACT]：表示要求准确匹配版本号。

[QUIET]：如果未找到包，不显示错误信息。

[MODULE]：强制使用模块模式查找。

[REQUIRED]：如果找不到包或.cmake 脚本文件，CMake 会终止构建过程。

[COMPONENTS]：指定需要的组件。

[OPTIONAL_COMPONENTS]：指定可选的组件。

[NO_POLICY_SCOPE]：防止新策略影响当前作用域(忽略策略范围)。

file()

作用：可用于执行各种文件操作，它是 CMake 脚本中处理文件的核心工具，支持查找文件、读写文件、复制文件、删除文件、创建目录等操作。

语法格式：

```
file(<subcommand> <args>...)
```

参数说明：

<subcommand>：指定你想执行的具体操作如：COPY、DELETE、RENAME、GLOB 等。

<args>：根据子命令的不同，后续的参数是不同的，通常是文件名、路径、匹配模式等。

find_dependency()

作用：是 CMake 内置脚本 CMakeFindDependencyMacro 中的一个宏。主要用于在包配置文件(如<PackageName>Config.cmake 或<PackageName>config-version.cmake 文件)中管理和查找依赖项。

语法格式：

```
find_dependency(<PackageName>
                [version] [EXACT] [QUIET] [REQUIRED]
                [[COMPONENTS] [components...]]
                )
```

参数说明：

<PackageName>：要查找的包的名称。

[version]：可选，指定所需的版本号。

[EXACT]：如果指定，版本必须完全匹配。

[QUIET]：如果指定，抑制查找过程中的消息输出。

[REQUIRED]：如果未找到依赖项，配置会失败并报错。

[COMPONENTS]：列出包所需的组件。

find_library()

作用：查找指定名称的库文件(如.a、.so、.dll 等)，并返回库文件的路径。

语法格式：

```
find_library(<VAR>
```

```
             <name>
             [PATHS <path1> [<path2> ...]]
             [PATH_SUFFIXES <suffix1> [<suffix2> ...]]
             [HINTS <hints>]
             [NAMES <names>]
             [REQUIRED]
             [OPTIONAL]
             [NO_DEFAULT_PATH]
             [CONFIG])
```

参数说明：

<VAR>：用来存储查找结果的变量。如果找到了库文件，变量会被设置为该库文件的路径。

<name>：要查找的库的名称。通常是库的基础名称(如 mylibrary)，不需要扩展名。例如，查找 libmylibrary.so 时，<name>应为 mylibrary。

[PATHS <path1> <path2> ...]：指定一个或多个路径，CMake 会在这些路径中查找指定的库文件。

[PATH_SUFFIXES <suffix1> <suffix2> ...]：指定要附加到每个路径的后缀，通常用于在查找库时补充常见的子目录，如 lib、lib64 等。CMake 会在每个指定路径下查找这些子目录中的库文件。

[HINTS <hints>]：提供给 CMake 的额外提示路径。这些路径优先于 PATHS 中指定的路径。

[NAMES <names>]：指定要查找的库文件的名称，可以是多个名称。CMake 会依次尝试查找这些库文件名。如果未指定，CMake 会默认查找<name>。

[REQUIRED]：如果找不到指定的库文件，CMake 会抛出一个错误并停止执行。通常用于确保必须找到某个库。

[OPTIONAL]：如果找不到指定的库文件，CMake 不会抛出错误，而是将变量设置为空。适用于非关键库。

[NO_DEFAULT_PATH]：禁用默认路径(如/usr/lib 和/usr/local/lib)。CMake 只会在 PATHS、PATH_SUFFIXES 和 HINTS 中指定的路径中查找。

[CONFIG]：强制使用配置模式进行查找。

find_package_handle_standard_args()

作用：CMake 内置脚本 FindPackageHandleStandardArgs.cmake 中的一个宏，用于查找第三方库的必需变量是否被正确定义，并根据第三方库的查找结果自动生成日志消息和<PackageName>_FOUND 标志变量。

语法格式：

```
find_package_handle_standard_args(
    <PackageName>
    [REQUIRED_VARS <var1> <var2> ...]
    [VERSION_VAR <version_var>]
    [HANDLE_COMPONENTS <component1> <component2> ...])
```

参数说明：

<PackageName>：包的名称，通常是查找的包的名称。这个名称会用于生成标志变量(例如 PACKAGE_FOUND、PACKAGE_VERSION 等)。

[REQUIRED_VARS <var1> <var2> ...]：如果 REQUIRED_VARS 中的变量未找到，会触发错误消息并在 REQUIRED 模式下停止 CMake 的执行。如果是 OPTIONAL 模式，则不会停止，但会发出警告。

[VERSION_VAR <version_var>]：用来存储找到包的版本号的变量。如果指定了版本变量，CMake 会自动检查找到的包版本是否符合要求。

[HANDLE_COMPONENTS <component1> <component2> ...]：如果查找包涉及多个组件，可以使用这个参数来指定每个组件的变量。CMake 会确保所有组件都被正确地处理。

find_path()

作用：用于查找指定文件或目录并将其路径存储到一个变量中。

语法格式：

```
find_path(<VAR> <name>
          [PATHS path1 path2 ...]
          [NAMES <names>]
          [HINTS <path>]
          [PATH_SUFFIXES <suffix1> <suffix2> ...]
          [REQUIRED]
```

```
        [OPTIONAL])
```

参数说明：

<VAR>：用于存储查找结果的变量名称。如果找到了文件或目录，CMake会将其路径存储在该变量中。

<name>：要查找的文件或目录的名称。可以是完整路径(如/usr/include/some_header.h)，也可仅是文件名(如 some_header.h)。

[PATHS path1 path2 ...]：一个可选的路径列表，CMake 将会在这些路径中查找指定的文件或目录。如果未提供，CMake 会使用一些默认的路径(如/usr/include)。

[NAMES <names>]：一个可选的名称列表。CMake 会尝试按照这个顺序查找这些名称的文件。可以是一个或多个文件名。

[HINTS <path>]：指定一个提示路径，告诉 CMake 在查找时优先考虑这些路径。通常用于指定自定义的安装路径。

[PATH_SUFFIXES <suffix1> <suffix2> ...]：指定要附加到每个搜索路径后的后缀，CMake 会在每个指定的路径后依次附加这些后缀来进行查找。你可以将其视为路径的“子目录”。

[REQUIRED]：如果启用 REQUIRED 选项，CMake 在找不到文件时会抛出一个错误并停止执行。

[OPTIONAL]：如果启用 OPTIONAL 选项，CMake 在找不到文件时不会抛出错误，只会将变量设置为空。

get_filename_component()

作用：可用于解析和提取文件路径中各种组件的强大工具。它可以从给定的路径中提取文件名、目录名、文件扩展名等信息，或者将路径转换为某种特定格式。

语法格式：

```
get_filename_component(<variable> <FileName> <Mode> [CACHE])
```

参数说明：

<variable>：存储结果的变量名。

<FileName>：输入的文件路径(可以是相对路径或绝对路径)。

<Mode>：指定要提取的路径组件或操作模式。

[CACHE]：可选参数，表示将结果存储在缓存中(作为缓存变量)。

include()

作用：加载 CMake 的内置脚本或者自定义脚本。它允许你将外部脚本文件、模块文件等引入到 CMake 项目中，从而重用功能、模块或配置。CMake 脚本文件通常具有.cmake 后缀。

语法格式：

```
include(<file> [OPTIONAL] [RESULT_VARIABLE <var>] [NO_POLICY_ SCOPE])
```

参数说明：

<file>：指定要包含的 CMake 文件路径。该文件可以是 CMake 脚本文件，也可以是 CMake 模块文件。文件路径可以是相对路径或绝对路径。如果是相对路径，CMake 会从当前工作目录或 CMAKE_MODULE_PATH 环境变量指定的路径中查找该文件。

[OPTIONAL]：这个参数是可选的。如果指定了 OPTIONAL，当文件无法找到时，CMake 不会报错，而是继续执行后续的操作。默认情况下，如果文件未找到，CMake 会报错。

[RESULT_VARIABLE <var>]：如果指定了 RESULT_VARIABLE，include()命令会将该文件是否成功加载的结果存储到 var 变量中。这个变量将被设置为 TRUE 或 FALSE。这对于检查文件是否成功加载并在需要时采取后续措施非常有用。

[NO_POLICY_SCOPE]：这个选项表示 include()命令将忽略文件中的任何 CMAKE_POLICY 命令(例如 CMAKE_POLICY(SET))。通常，CMake 会在加载外部脚本时改变策略的作用范围，使用此选项可以防止这种行为。

include_directories()

作用：指定编译器搜索头文件的路径。

语法格式：

```
include_directories([AFTER|BEFORE] [SYSTEM] dir1 [dir2 ...])
```

参数说明：

[AFTER|BEFORE]:

- AFTER：指定的目录将被添加到当前包含路径的末尾。
- BEFORE：指定的目录将被添加到当前包含路径的开头，优先搜索这些目录。

[SYSTEM]：标记这些目录为系统目录，编译器会减少对这些目录中头文件的警告。

dir1 [dir2 ...]：要添加的头文件搜索路径(可以是绝对路径或相对路径)。

install()

作用：将编译好的可执行文件、库、头文件、普通文件和脚本文件等，复制到指定的目录中。

语法格式：

```
install(TARGETS <target1> <target2> ...
        DESTINATION <dir>
        [COMPONENT] <component name>
        [OPTIONAL]
        [EXCLUDE_FROM_ALL]
        [PERMISSIONS]<permission1><permission2>...
        [RUNTIME][LIBRARY][ARCHIVE])
```

参数说明：

TARGETS <target1> <target2> ：需安装的目标类型，不同的文件类型建议使用不同的 TARGETS。

- TARGETS：安装可执行文件、库等。
- FILES：安装文件。
- DIRECTORY：安装整个目录。
- SCRIPT：安装脚本。
- PROGRAMS：类似于 FILES，但设置可执行权限。
- EXPORT：安装目标的导出信息。

DESTINATION <dir>：指定安装的目标目录。

[COMPONENT] <component name>：可以将安装目标分配到不同的组件。

[OPTIONAL]：如果安装的文件不存在，安装时也不会报错。

[EXCLUDE_FROM_ALL]：安装时排除某些文件或目录。

[PERMISSIONS]<permission1><permission2>...：设置文件或目录的权限。

[RUNTIME]：安装二进制可执行文件。

[LIBRARY]：安装动态共享库文件。

[ARCHIVE]：安装静态库文件。

math()

作用：在 CMake 中执行数学运算，计算结果存储到指定变量中。

语法格式：

```
math(EXPR <variable> <"expression"> [OUTPUT_FORMAT {DECIMAL | HEXADECIMAL}])
```

参数说明：

EXPR <variable> <"expression">：计算数学表达式 expression，结果存储到变量 variable 中。expression 以字符串形式提供，例如"1 + 2 * 3"。

[OUTPUT_FORMAT {DECIMAL | HEXADECIMAL}]：指定输出格式为十进制(DECIMAL，默认)或十六进制(HEXADECIMAL)。

message()

作用：用于消息或调试消息的输出。

语法格式：

```
message(<mode> "message")
```

参数说明：

<mode>：定义调试消息的级别。

- FATAL_ERROR：致命错误，会停止 CMake 的编译和生成。
- SEND_ERROR：错误，不会停止 CMake 的编译，但会停止生成。
- WARNING：普通警告。
- AUTHOR_WARNING：开发者警告。
- DEPRECATION：提醒用户某个功能、变量或命令在当前版本中仍然可用，但已被标记为过，在未来的版本中可能会被移除。
- NOTICE：用于输出“通知”类信息。它表示重要但不紧急的消息，通常用于告知用户构建过程中的关键状态或结果，但不会像 WARNING 那样带有警示意味。从 CMake3.15 版本后开始支持。

- STATUS：标准输出，左边以--输出开头。
- VERBOSE：用于输出详细配置信息，但非调试信息。从 CMake3.15 版本后开始支持。
- DEBUG：调试信息，从 CMake3.15 版本后开始支持。
- TRACE：更细颗粒度调试信息，比 Debug 更详细，从 CMake3.15 版本后开始支持。

option()

作用：该命令可以定义一个类似布尔的变量，使用 CMake 进行构建时，调用该变量，从而控制构建的过程。

语法格式：

```
option(<option_variable> "help string describing option" [initial value])
```

参数说明：

<option_variable>：变量名。

"help string describing option"：对变量的描述。

[initial value]：变量的初始值，默认为 OFF。可以是 ON 或 OFF。

project()

作用：定义项目的基本信息，包括项目名称和支持的编程语言等。

语法格式：

```
project(<project_name>
        [VERSION<major>[.<minor>[.<patch>[.<tweak>]]]]
        [DESCRIPTION <project_description>]
        [HOMEPAGE_URL <url>]
        [LANGUAGES <language_name>...])
```

参数说明：

<project_name>：定义项目名称，定义后 CMake 会自动创建 PROJECT_NAME 变量，用于保存项目名称。

[VERSION]：指定项目版本号，包括主版本号、次版本号、补丁号和补充版本号。

[DESCRIPTION]：用于记录项目的简要描述，定义后 CMake 会自动创建 PROJECT_DESCRIPTION 变量，用于保存项目描述说明。

[HOMEPAGE_URL]：用于设置项目主页的 URL，定义后 CMake 会自动创建 PROJECT_HOMEPAGE_URL 变量，用于保存项目主页 URL 信息。

[LANGUAGES]：用于指定项目的编程语言。默认情况下，如果未指定语言，则启用 C 和 CXX。常用的编程语言包括：

- C：指定项目使用 C 语言。这是默认支持的语言之一。
- CXX：指定项目使用 C++语言(CXX 是 C++的缩写)。也是默认支持的语言之一。
- Fortran：指定项目使用 Fortran 语言。如果你的环境中安装了 Fortran 编译器，CMake 会检测并支持。
- ASM：指定项目使用汇编语言(Assembly)。需要指定对应的汇编器。
- CUDA：指定项目使用 NVIDIA 的 CUDA 语言，用于 GPU 编程。
- OBJC：指定项目使用 Objective-C 语言(常用于 macOS/iOS 开发)。
- OBJCXX：指定项目使用 Objective-C++语言。
- Swift：指定项目使用 Swift 语言(需要 CMake 3.17 或更高版本支持)。
- HIP：指定项目使用 AMD 的 HIP(Heterogeneous-compute Interface for Portability)，类似于 CUDA。
- ISPC：指定项目使用 Intel 的 ISPC(Intel SPMD Program Compiler)。
- NONE：表示不启用任何语言支持。通常用于只需要配置或脚本功能的项目，而不是编译代码。

set()

作用：可以创建、修改和删除变量，也可以用于字符串、列表、缓存变量等操作。

语法格式：

```
set(<variable>
    <value ...>
```

```
    CACHE <type> <docstring>
    [FORCE]
    [PARENT_SCOPE])
```

参数说明：

<variable>：变量的名称，可以是用户定义的变量名或 CMake 的内置变量。

<value ...>：变量的值，可以是单个值或多个值。如果是多个值，CMake 会将它们合并为一个以分号分隔的列表。

CACHE <type> <docstring> ：设置缓存变量。<type>是变量类型。<docstring>是对该变量的描述。

[FORCE]：强制覆盖缓存中已有的值。

[PARENT_SCOPE]：将变量提升到父作用域。

set_target_properties()

作用：用于为目标(如可执行文件、库等)设置各种属性。这个命令非常灵活，允许开发者对目标进行精细化的配置。

语法格式：

```
set_target_properties(target1 [target2 ...] PROPERTIES
    PROPERTY1 value1 [PROPERTY2 value2 ...])
    [IMPORTED_LOCATION]
    [INTERFACE_INCLUDE_DIRECTORIES]
```

参数说明：

target1 [target2 ...]：你要设置属性的目标名称，可以是一个或多个。

PROPERTIES：关键字，用于引入属性列表。

PROPERTY1 value1：属性名和对应值的配对，可以有多个这样的配对。

- OUTPUT_NAME：设置目标文件的输出名称(不包括扩展名)。
- PREFIX：设置目标文件名前缀，如库文件会自动加上的"lib"。
- SUFFIX：设置目标文件名后缀。
- VERSION：用于库目标的版本号。
- SOVERSION：共享库的接口版本号。
- COMPILE_FLAGS：为目标添加编译标志。

- LINK_FLAGS：为链接过程添加标志。
- DEBUG_POSTFIX：为调试版本的目标文件名添加后缀。
- ARCHIVE_OUTPUT_DIRECTORY：设置静态库的输出目录。
- LIBRARY_OUTPUT_DIRECTORY：设置动态库的输出目录。
- RUNTIME_OUTPUT_DIRECTORY：设置可执行文件的输出目录。
- FOLDER：在 IDE 中将目标放入指定的文件夹中(如 Visual Studio)。

[IMPORTED_LOCATION]：设置导入目标的库文件路径。

[INTERFACE_INCLUDE_DIRECTORIES]：设置导入目标的头文件路径。

set_tests_properties()

作用：用于设置或修改 CMake 中已定义的测试用例的属性，以控制测试行为或元数据。

语法格式：

```
set_tests_properties(test_name [test_name ...]
    PROPERTIES property_name value [property_name value ...])
```

参数说明：

test_name [test_name ...]：指定一个或多个测试的名称，需与 add_test()中定义的名称一致。

PROPERTIES property_name value [property_name value ...]：设置测试的属性及其值。

- property_name：属性名称，例如 TIMEOUT、LABELS、PASS_REGULAR_EXPRESSION 等。
- value：属性的具体值，根据属性类型可以是字符串、数字或列表等。

string()

作用：在 CMake 中执行字符串操作，例如查找、替换、比较、转换等，并将结果存储到变量中或直接输出。

语法格式：

```
string(operation [arguments ...])
```

参数说明：

operation：指定字符串操作类型，常见操作包括：

- FIND string substring variable [REVERSE]：查找子串位置，存储到 variable。
- REPLACE old_string new_string output input：替换字符串，存储到 output。
- REGEX MATCH regex variable input：正则匹配，存储到 variable。
- REGEX REPLACE regex replacement output input：正则替换，存储到 output。
- APPEND variable string [string ...]：追加字符串到变量 variable。
- CONCAT output string [string ...]：拼接字符串，存储到 output。
- TOUPPER string variable：转换为大写，存储到 variable。
- TOLOWER string variable：转换为小写，存储到 variable。
- LENGTH string variable：获取字符串长度，存储到 variable。
- SUBSTRING string begin length variable：提取子串，存储到 variable。
- STRIP string variable：去除首尾空白，存储到 variable。
- GENEX_STRIP input variable：去除生成表达式，存储到 variable。
- TIMESTAMP variable [format] [UTC]：生成时间戳，存储到 variable。
- MAKE_C_IDENTIFIER string variable：将字符串转换为合法 C 标识符，存储到 variable。
- JSON output operation json_string [args ...]：处理 JSON 字符串。

[arguments ...]：根据操作类型提供不同的参数，例如输入字符串、输出变量、正则表达式等。

target_include_directories()

作用：指定特定目标的头文件搜索路径。

语法格式：

```
target_include_directories(<target> [SYSTEM] [BEFORE]
                           <INTERFACE|PUBLIC|PRIVATE> [items1...]
                          [<INTERFACE|PUBLIC|PRIVATE> [items2...] ...])
```

参数说明：

<target>：目标名称。可以是二进制可执行文件或库文件。

[SYSTEM]：标记这些目录为系统目录，编译器会减少对这些目录中头文件的警告。

[BEFORE]：指定的目录将被添加到当前包含路径的开头，优先搜索这些目录。

[INTERFACE|PUBLIC|PRIVATE]：

- PRIVATE：仅对这个目标有效，不会传递给依赖于这个目标的其他目标。
- PUBLIC：对这个目标及其依赖有效，即这个目标和其他依赖它的目标都可以使用这些路径。
- INTERFACE：仅对依赖这个目标的其他目标有效，不影响当前目标的编译。

[items1...]：要添加到包含路径中的目录，可以是绝对路径或相对路径。

target_link_libraries()

作用：用于将一个或多个库(静态库、动态库或者其他目标)链接到指定的目标(如可执行文件或者共享库)。

语法格式：

```
target_link_libraries(<target> <library1> <library2> ... [<options>])
```

参数说明：

<target>：目标名称。可以是二进制可执行文件或库文件。

<library1> <library2>：链接到目标的库。

[<options>]：额外选项，有 PRIVATE、PUBLIC、INTERFACE。

unset()

作用：用于移除 CMake 中定义的变量、缓存变量或环境变量，使其变为未定义状态。

语法格式：

```
unset(variable [CACHE | PARENT_SCOPE | ENV])
```

参数说明：

variable：指定要移除的变量名称。

[CACHE]：可选，表示移除缓存变量(在 CMAKE_CACHEFILE 中定义的变量)。

[PARENT_SCOPE]：可选，表示移除在父作用域中的变量。

[ENV]：可选，表示移除环境变量(以 ENV{variable}形式访问)。

附录 2：CMake 常用的内置变量

CMake 的内置变量非常多，以下仅列出了书中提及的常用内置变量。

内置变量名	作用
PROJECT_NAME	记录项目名称
PROJECT_VERSION	记录项目完整的版本号(如：1.2.3)
PROJECT_VERSION_MAJOR	记录项目主版本号(如：1)
PROJECT_VERSION_MINOR	记录项目次版本号(如：2)
PROJECT_VERSION_PATCH	记录项目补丁号(如：3)
PROJECT_VERSION_TWEAK	记录项目补充版本号(如：空或 4)
<PackageName>_VERSION	基于项目名称，记录项目完整的版本号(如：1.2.3)
<PackageName>_VERSION_MAJOR	基于项目名称，记录项目主版本号(如：1)
<PackageName>_VERSION_MINOR	基于项目名称，记录项目次版本号(如：2)
<PackageName>_VERSION_PATCH	基于项目名称，记录项目补丁号(如：3)
<PackageName>_VERSION_TWEAK	基于项目名称，记录项目补充版本号(如：空或 4)
PROJECT_DESCRIPTION	记录项目的描述
<project-name>_DESCRIPTION	基于项目名称，记录项目的描述
PROJECT_HOMEPAGE_URL	记录项目 URL
<project-name>_HOMEPAGE_URL	基于项目名称，记录项目 URL
CMAKE_VERSION	记录 CMake 的版本
CMAKE_MESSAGE_LOG_LEVEL	记录 message()命令输出的日志级别，默认是 NOTICE
PROJECT_BINARY_DIR	项目二进制文件输出路径
PROJECT_SOURCE_DIR	项目源代码路径
<projectname>_BINARY_DIR	基于项目名称，项目二进制文件输出路径
<projectname>_SOURCE_DIR	基于项目名称，项目源代码路径
CMAKE_INSTALL_PREFIX	定义了软件安装路径的基础位置
ARCHIVE_OUTPUT_PATH	静态库的输出路径
LIBRARY_OUTPUT_PATH	动态共享库的输出路径

续表

内置变量名	作用
EXECUTABLE_OUTPUT_PATH	二进制可执行文件的输出路径
CMAKE_MODULE_PATH	查找 Find<PackageName>.cmake 的脚本文件的路径
CMAKE_SOURCE_DIR	项目的根目录(第一个 CMakeLists.txt 所在的路径)
CMAKE_CURRENT_SOURCE_DIR	当前处理的 CMakeLists.txt 文件所在的目录。
CMAKE_BINARY_DIR	构建过程的工作目录
<PackageName>_INCLUDE_DIRS	库文件所在的头文件路径
<PackageName>_LIBRARIES	库文件路径
<PackageName>_FOUND	如果所有库文件组件都被找到，该值返回 TRUE
CMAKE_PREFIX_PATH	查找 Find<PackageName>Config.cmake 的脚本文件的路径
CMAKE_FIND_DEBUG_MODE	详细输出 find_*系列的命令的查找过程
PACKAGE_VERSION	定义的是当前库的版本号
PACKAGE_FIND_VERSION	自动获取 find_package()命令中定义的库版本号
PACKAGE_VERSION_EXACT	如果包的版本与 PACKAGE_FIND_VERSION 完全匹配，将被设置为 TRUE。反之设置为 FALSE
PACKAGE_VERSION_COMPATIBLE	如果包的版本与 PACKAGE_FIND_VERSION 兼容匹配，将被设置为 TRUE。反之设置为 FALSE
PACKAGE_VERSION_UNSUITABLE	设置 TRUE，说明使用范围匹配 设置 FALSE，说明使用完全匹配
PACKAGE_FIND_VERSION_MIN	获取版本范围中的最小值
PACKAGE_FIND_VERSION_MAX	获取版本范围中的最大值
PACKAGE_FIND_VERSION_RANGE	获取版本范围
CMAKE_SYSTEM_NAME	存储目标系统的操作系统或平台名称
CMAKE_EXECUTABLE_SUFFIX	存储可执行文件的文件扩展名
CPACK_PACKAGE_NAME	打包时，指定安装包名称，通常与项目名一致
CPACK_PACKAGE_VENDOR	打包时，指定发行者或组织名称，标识包来源
CPACK_PACKAGE_DESCRIPTION_SUMMARY	打包时，提供项目简要描述，显示在安装程序或包管理工具中
CPACK_PACKAGE_VERSION	打包时，指定完整版本号
CPACK_PACKAGE_VERSION_MAJOR	打包时，指定主版本号
CPACK_PACKAGE_VERSION_MINOR	打包时，指定次版本号
CPACK_PACKAGE_VERSION_PATCH	打包时，指定补丁版本
CPACK_PACKAGE_INSTALL_DIRECTORY	打包时，指定默认安装目录名称
CPACK_PACKAGE_FILE_NAME	打包时，自定义安装包文件名，覆盖默认命名

续表

内置变量名	作用
CPACK_GENERATOR	打包时，指定二进制安装包的生成器，默认情况：Linux 为 TGZ，Windows 为 NSIS
CPACK_SOURCE_GENERATOR	打包时，指定源代码包的生成器
CPACK_PACKAGE_CONTACT	打包时，指定维护者联系方式(如邮箱)，用于 DEB、RPM 元数据
CPACK_RESOURCE_FILE_LICENSE	打包时，指定许可证文件路径，安装程序可能显示其内容
CPACK_RESOURCE_FILE_README	打包时，指定自述文件路径，提供安装说明